KB262436

QUARTUS II와 DE2 보드를 이용한

# Verilog HDL 회로설계 실습

이 행 우 저

21세기사

# 머리말

Preface

본 교재는 논리회로 설계실습을 위한 입문서로 개발되었으며, 회로설계의 기본 개념을 파악하는데
필요한 실무중심의 실습용 교재로서 대학의 디지털 회로설계 실습과정에 적합하다.

"Verilog HDL 회로설계실습" 은 논리회로 이론을 바탕으로 디지털 회로를 이해하고, 이를
Verilog HDL과 Quartus II를 이용하여 설계 및 시뮬레이션하며, 회로 데이터를 Altera사의 DE2
보드에 구현, 동작을 검증할 수 있도록 구성하였다.

Verilog HDL의 구조에서부터 Quartus II 및 FPGA 실습보드의 사용법까지 간단하게 설명하였으
며, 디지털 회로에서 사용되는 기본적인 기능블럭의 이론 및 Verilog HDL 표현, 그리고 하드웨어
구현방법 등을 상세하게 기술하였다.

각 장의 내용은 실습목표와 회로규격, 회로도, 동작원리, 실습절차, Verilog HDL 프로그램, 시뮬
레이션 입출력파형, Pin 할당, 그리고 연습문제 등의 순서로 이루어져 있다.

본 교재의 학습을 통하여 디지털 회로설계기술을 습득하고자 하는 학생들이 회로설계의 기초를 배우
고 설계방법을 익히는데 많은 도움이 될 수 있기를 기원한다.

2010년  3월  1일

저자 올림

실습 1

# 기본 논리소자

1. 실습목표
2. 논리소자의 종류

# 01 기본 논리소자

먼저 이 시간에는 주요 조합논리소자 및 순차논리소자의 종류와 그 기능에 대하여 살펴보기로 한다.

## ① 실습 목표

- 디지털 논리회로의 기본 소자인 논리 Gate의 종류와 기능을 살펴본다.
- 각 논리 Gate에 대한 논리식과 진리표를 이해한다.

## ② 논리소자의 종류

- 디지털 논리회로는 조합논리소자와 순차논리소자로 구성
- 조합논리소자(combinatorial logic) : NOT, AND, OR, XOR, NAND, NOR, XNOR
- 순차논리소자(sequential logic) : 래치(Latch), 플립플롭(Flip-Flop) 등
- 디지털 논리동작은 높은 전압(5V)을 '1', 낮은 전압(0V)을 '0'으로 해석

### ◉ NOT 게이트

- 일명 인버터(Inverter)라고도 함
- 입력의 상태를 반대로 변환하여 출력하는 소자

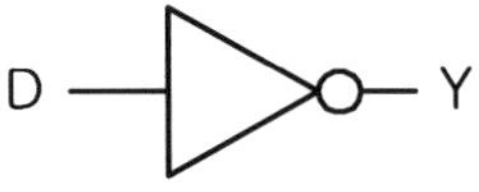

| D | Y |
|---|---|
| 0 | 1 |
| 1 | 0 |

$$Y = \overline{D}$$

## ◉ AND 게이트

- 입력 A = 0이면 출력은 무조건 Y = 0, A = 1이면 출력 Y = B

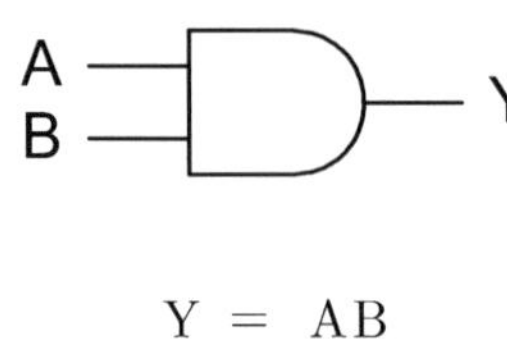

$$Y = AB$$

| A B | Y | 비고 |
|---|---|---|
| 0 0 | 0 | Y=0 |
| 0 1 | 0 | |
| 1 0 | 0 | Y=B |
| 1 1 | 1 | |

## ◉ NAND 게이트

- AND + NOT 게이트
- 입력 A = 0이면 출력은 무조건 Y = 1, A = 1이면 출력 Y = NOT B

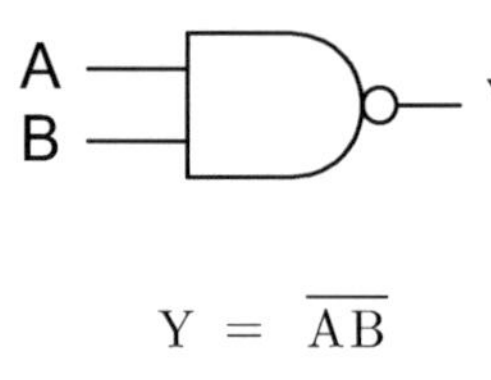

$$Y = \overline{AB}$$

| A B | Y | 비고 |
|---|---|---|
| 0 0 | 1 | Y=1 |
| 0 1 | 1 | |
| 1 0 | 1 | $Y = \overline{B}$ |
| 1 1 | 0 | |

## ◉ OR 게이트

- 입력 A = 0이면 출력 Y = B, A = 1이면 출력은 무조건 Y = 1

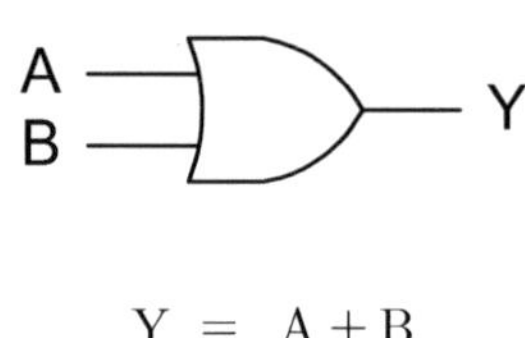

$$Y = A + B$$

| A B | Y | 비고 |
|---|---|---|
| 0 0 | 0 | Y=B |
| 0 1 | 1 | |
| 1 0 | 1 | Y=1 |
| 1 1 | 1 | |

## ◉ NOR 게이트

- OR + NOT 게이트
- 입력 A = 0이면 출력 Y = NOT B, A = 1이면 출력은 무조건 Y = 0

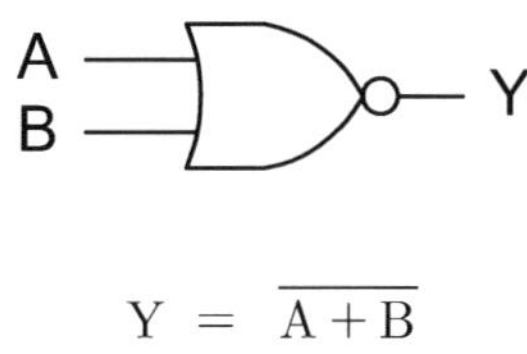

$$Y = \overline{A + B}$$

| A B | Y | 비고 |
|---|---|---|
| 0 0 | 1 | $Y = \overline{B}$ |
| 0 1 | 0 | |
| 1 0 | 0 | Y=0 |
| 1 1 | 0 | |

## ◉ XOR 게이트

- 입력 A = 0이면 출력 Y = B, A = 1이면 출력 Y = NOT B

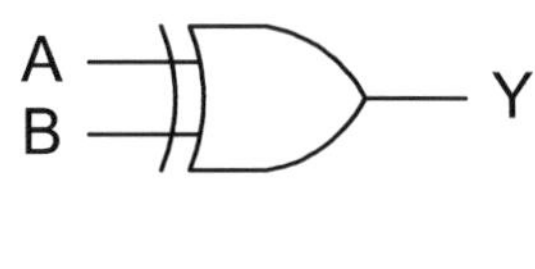

$$Y = A \oplus B$$

| A B | Y | 비고 |
|---|---|---|
| 0 0 | 0 | Y=B |
| 0 1 | 1 | |
| 1 0 | 1 | $Y = \overline{B}$ |
| 1 1 | 0 | |

## ◉ XNOR 게이트

- XOR + NOT 게이트
- 입력 A = 0이면 출력 Y = NOT B, A = 1이면 출력 Y = B

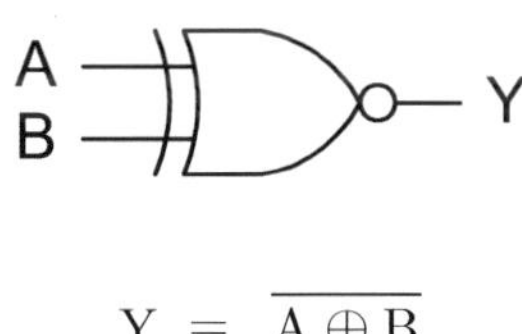

$$Y = \overline{A \oplus B}$$

| A B | Y | 비고 |
|---|---|---|
| 0 0 | 1 | $Y = \overline{B}$ |
| 0 1 | 0 | |
| 1 0 | 0 | Y=B |
| 1 1 | 1 | |

## ◉ 래치(Latch)

- Level trigger 기억소자
- '1' 또는 '0'을 저장할 수 있는 소자
- '1'을 저장하고 있는 상태를 Set, '0'을 저장하고 있는 상태를 Reset
- 클럭이 '1'인 동안에만 출력이 입력에 따라 변화

| D CK | Qn | 동작상태 |
|---|---|---|
| x  0 | $Q_n-1$ | 불변 |
| 0  1 | 0 | reset |
| 1  1 | 1 | set |

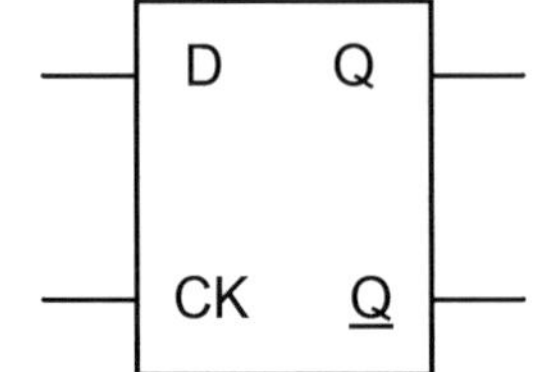

## ● D-플립플롭(Flip-Flop)

- 가장 널리 사용되는 기억소자

- Edge trigger 소자

- 클럭이 positive edge('0'→'1')나 negative edge('1'→'0')일 때 입력을 저장

| D CK Pr Cl | Qn | 동작상태 |
|---|---|---|
| x  →  1  1 | $Q_n-1$ | 불변 |
| x  →  0  1 | 1 | preset |
| x  →  1  0 | 0 | clear |
| 0  ↑  1  1 | 0 | reset |
| 1  ↑  1  1 | 1 | set |

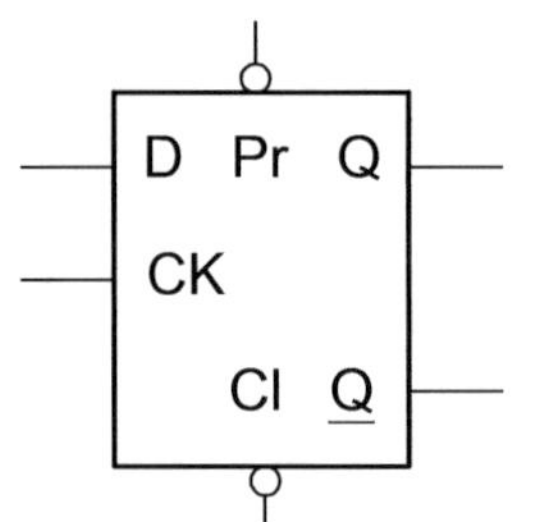

실습 2

# Quartus II 회로설계S/W 사용법

❶ 실습 목표

❷ Quartus II 의 구성

❸ Quartus II 사용법

# 02 Quartus Ⅱ 회로설계S/W 사용법

논리회로를 설계하는데 사용되는 소프트웨어로서 알테라(Altera)의 Quartus Ⅱ 도구(tool)가 있는데, 이 S/W의 구성과 사용방법에 대해 알아본다.

## ① 실습 목표

- Altera사의 회로설계 통합도구인 Quartus Ⅱ 프로그램의 사용법을 익힌다.
- 회로설계 과정에서 사용되는 각 Tool의 종류와 구성을 알아본다.
- 각 Tool의 메뉴와 사용법을 숙달한다.

## ② Quartus II 의 구성

Quartus Ⅱ는 Altera사에서 자사의 FPGA를 설계하기 위해 개발한 회로설계 통합도구로서 회로설계에 필요한 여러 S/W 도구들이 포함되어 있으며, 주요 도구들의 기능을 간략히 설명하면 다음과 같다.

- Hierarchy display : 현재 프로젝트의 전체적인 파일 구성도를 tree 구조로 표시
- Graphic editor : 회로도를 도형적인 schematic 방법으로 입력하는 설계도구
- Symbol editor : 어떤 회로의 심볼을 생성하거나 편집할 때 사용하는 도구
- Text editor : 메모장과 같이 Verilog HDL 코딩작업을 할 수 있는 문서편집기
- Waveform editor : 시뮬레이션을 위해 입력파형을 생성하거나 출력파형을 표시
- Floorplan editor : 구현할 FPGA 칩 내부에서 사용소자들의 배치상태를 표시
- Compiler : 설계한 회로의 오류를 검사하고 오류가 없으면 구현할 파일을 생성
- Simulator : 설계한 회로를 컴파일한 후 동작을 검증하기 위해 시뮬레이션 수행
- Timing analyzer : 회로 내부신호들 간의 타이밍 관계를 확인해볼 수 있는 도구
- Programmer : 컴파일 후 생성된 파일을 FPGA에 다운로드하여 하드웨어 구현

Quartus Ⅱ는 기존의 Maxplus 형태 또는 새로운 Quartus 형태로 메뉴들을 구성하여 사용할 수 있다.

### ③ Quartus Ⅱ 사용법

Quartus Ⅱ 회로설계 통합도구의 사용법을 간략히 살펴보는데 프로젝트를 생성하고 설계를 시작해서 FPGA를 구현하는 마지막 단계까지 그림과 함께 알아본다. Quartus Ⅱ를 실행했을 때 초기화면은 다음과 같다.

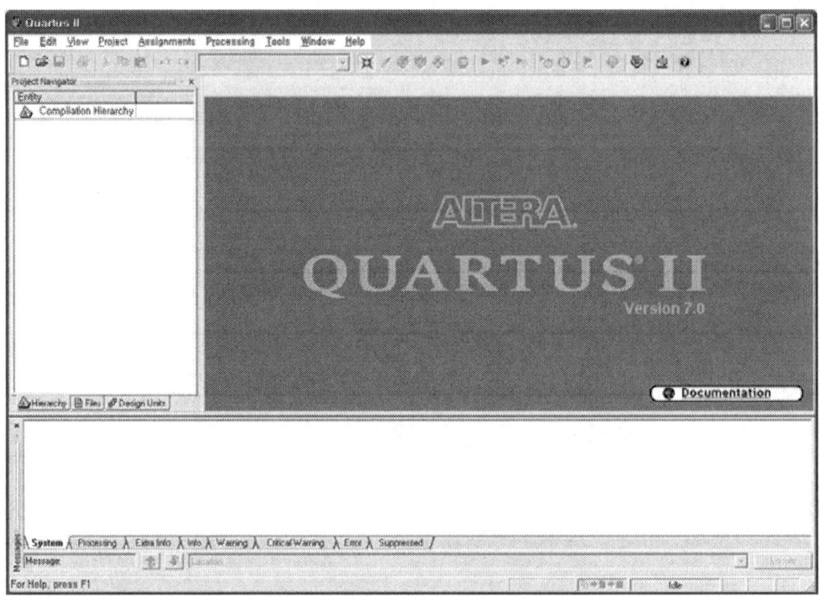

프로젝트 내에서 여러 도구를 사용하여 이루어진 작업의 결과로 생성되는 파일들은 기본 디렉토리인 "C:Wqdesigns" 밑에 저장한다.

그리고, 회로를 구현할 FPGA 실습보드의 사용법은 별도로 제공되는 매뉴얼을 참고하여 입출력 제어 스위치, Pin 할당 등에 필요한 자료를 구하면 된다.

여기서 배울 내용은 프로젝트 생성방법, Design Entry의 회로도 입력하기, Verilog HDL Editor의 프로그래밍하기, Compiler의 컴파일과정, Simulator의 시뮬레이션 수행하기, Programmer의 다운로드하기 등의 방법에 대해 간단히 살펴본다.

## ◉ 프로젝트 만들기(New Project)

회로를 설계하기 전에 반드시 하나의 프로젝트를 만들고 작업을 시작해야 한다. Quartus Ⅱ는 새로운 Project 생성을 돕기 위하여 Project Wizard를 제공하는데, 사용자는 이를 이용하여 Project를 생성할 수 있다.

1) 메뉴바에 File → New Project Wizard를 선택하여 Project Wizard 창을 생성한다.
2) Project 경로와 Project 이름, Entity 이름을 설정한다. Project 이름은 Entity 이름과 동일해야 한다. 만약 미리 만들어진 폴더가 있을 경우 브라우저 버튼을 통해 지정할 수 있다.

Working Directory : C:₩qdesigns₩test

Project Name : test

Entity Name : test

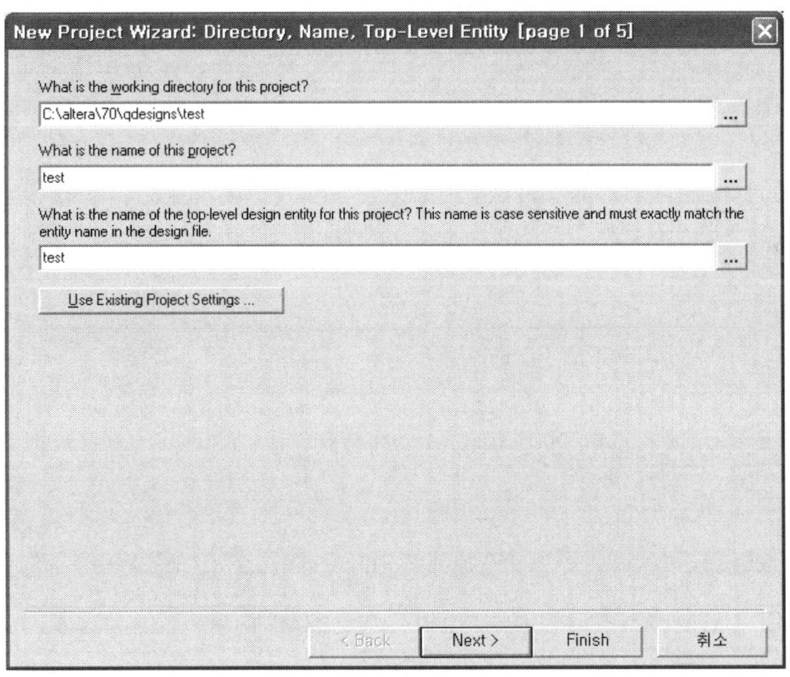


3) 추가할 파일을 입력하도록 되어 있으나, 지금은 당장 추가할 파일이 없으므로 Next 버튼을 눌러 다음 단계로 넘어간다. 파일의 추가/삭제는 Project 생성이 끝난 후에도 언제든지 가능하다.

4) 타겟 디바이스를 설정해야 하는데, cyclone Ⅱ 패밀리를 선택하고 EP2C35F672C6 디바이스를 선택한다. 타겟 디바이스 역시 Project 생성이 끝난 후, 재설정할 수 있다.

5) EDA 툴 설정 단계로 Next 버튼을 눌러 다음 단계로 넘어간다.

6) 지금까지 설정했던 정보를 보여주며, Finish 버튼을 눌러 새로운 Project 생성을 종료한다.

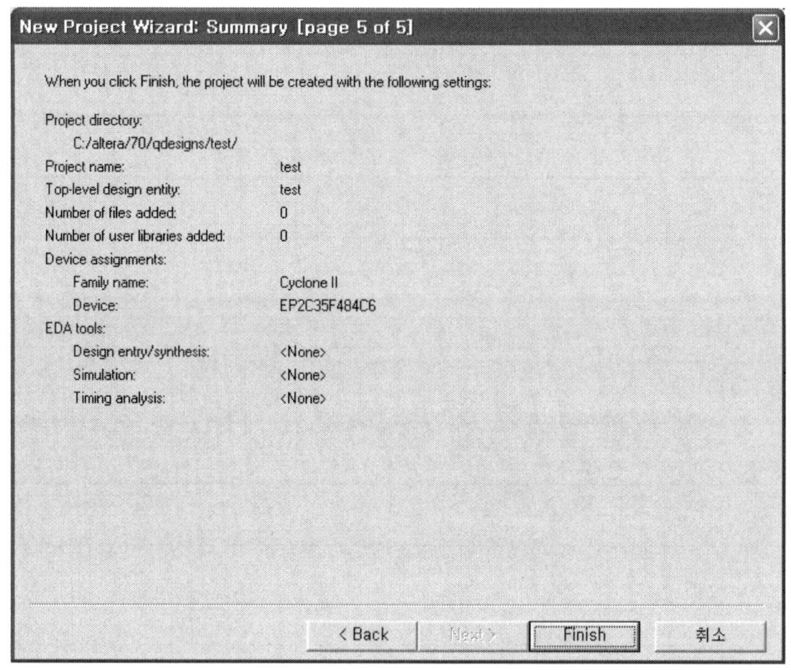


## ◉ 회로 설계하기(Design Entry)

회로를 설계하는 방법에는 Schematic Entry와 Verilog HDL 코딩방법이 있는데, 여기서는 일반적인 Verilog HDL 방법을 사용해서 설명하도록 한다.

1) 새로운 회로를 설계하려면 메뉴바에서 File → New를 선택한다.

2) 창이 뜨면 Design Files 카테고리에서 Schematic File이나 Verilog HDL File를 선택한다.

3) Verilog HDL File를 선택하면 빈 에디터 창이 화면에 나타나는데, 여기에 Verilog HDL 프로그램 내용을 입력하고 test.v로 저장한다.

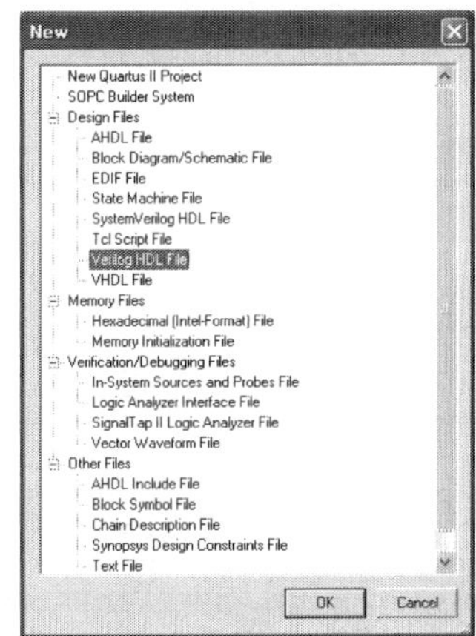

다음 Verilog HDL 코드는 입력으로 25MHz 클럭신호를 받아 100kHz와 1kHz 신호로 다운하여 출력하는 소스이다.

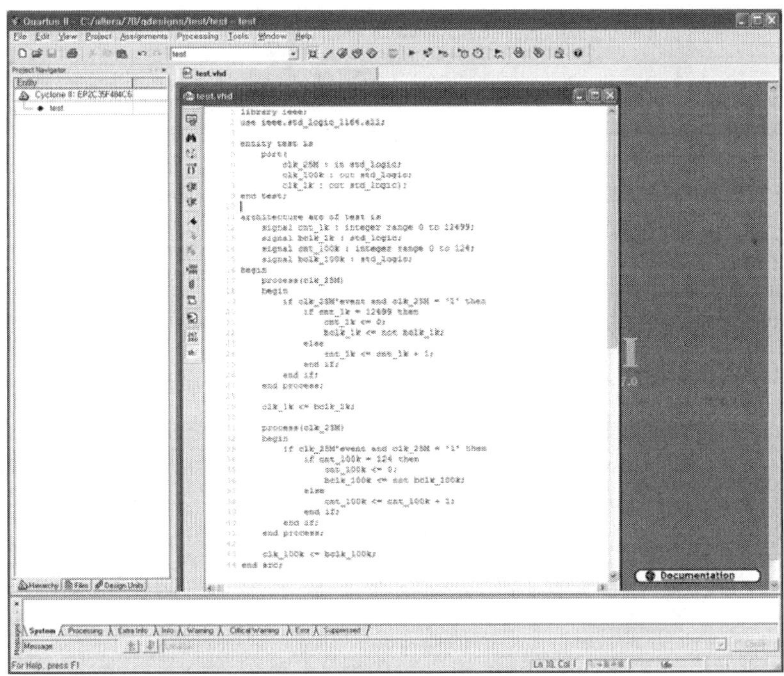

4) 저장을 했으면 메뉴바로부터 Project → Add Files in Project 메뉴를 클릭하여 현재 Verilog HDL 파일을 Project에 포함시킨다.

## ◉ 컴파일하기(Compiler)

회로 설계가 완료되면 컴파일 작업을 통하여 문장의 오류를 점검한다. 먼저 컴파일 환경을 설정하도록 한다.

1) 메뉴바의 Assignments → Settings를 선택하면 Setting 대화상자가 나타난다.

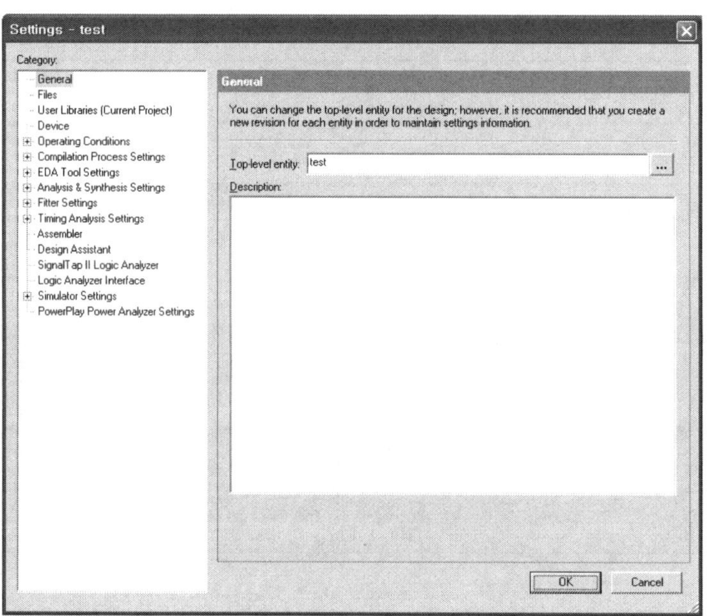

3) Device를 EP2C35F672C6으로 선택하고, 나머지 Operating, Synthesis, Fitting, 기타 설정은 그대로 놓고 OK를 누른다.

4) Compile하기 위해 메뉴바의 Processing → Start Compilation을 선택한다.

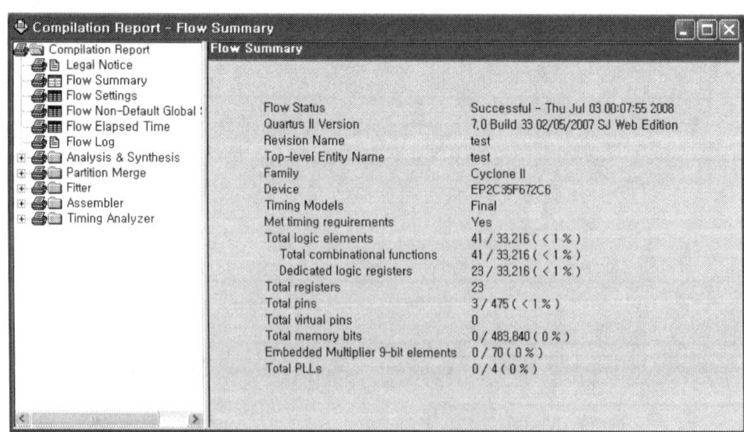

5) Compile이 진행되는 동안 상태 창에는 현재 Compile 정보가 표시된다. 그리고 Compile 리포트 창에는 Compile 결과가 표시된다.

6) Compile 성공 메시지 창이 뜨면 종료한다. 만약 에러가 발생하면 메시지 창의 메시지를 클릭하고 마우스 오른쪽 버튼을 눌러 Locate를 선택해 해당 소스로 이동해서 수정하고 다시 Compile 하는 과정을 반복한다.

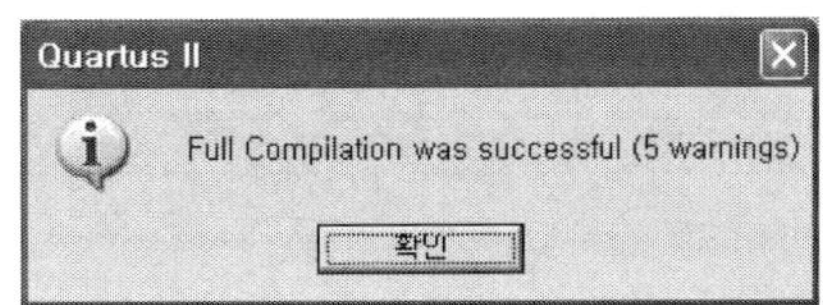


## ◉ 시뮬레이션하기

시뮬레이션을 수행하기 전에 미리 입력파형을 만들어 놓는다.

1) 메뉴바에 File → New를 선택하고, Other Files 탭을 누른 후에 Vector Waveform File을 선택한다.

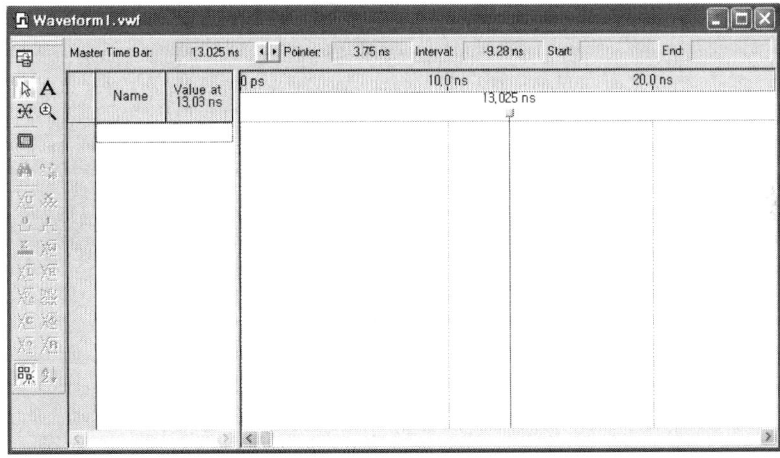


2) Edit → End Time을 선택하고, 10us를 입력하여 시뮬레이션 수행시간을 설정한다.

3) 포인터가 왼쪽 창에 있는 상태에서 마우스 우측 버튼을 클릭하여 Insert Node or Bus → Node Finder를 선택한다.

4) Node를 찾아 파일에 추가하기 위해 Filter에서 Pins:all을 선택하고 List를 클릭한다. 찾은 Node를 Wave 창에 추가하기 위해 필요한 Node를 선택해서 우측 창으로 이동시킨다.

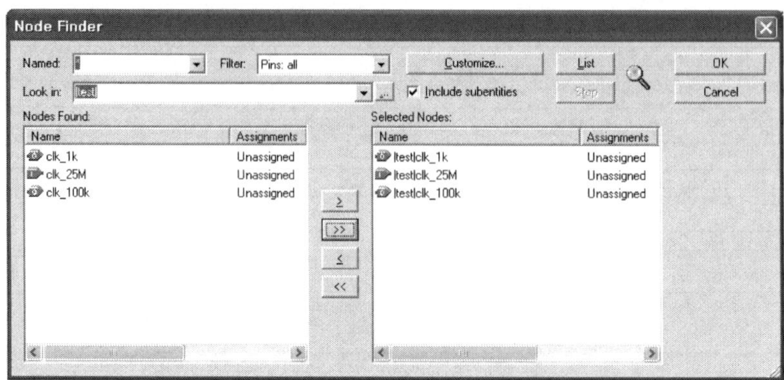

5) clk 입력 Node를 선택해 마우스 우측 버튼을 눌러 Value → Clock을 선택한 다음, Period는
   100ns, Duty Cycle은 50%로 설정한다.

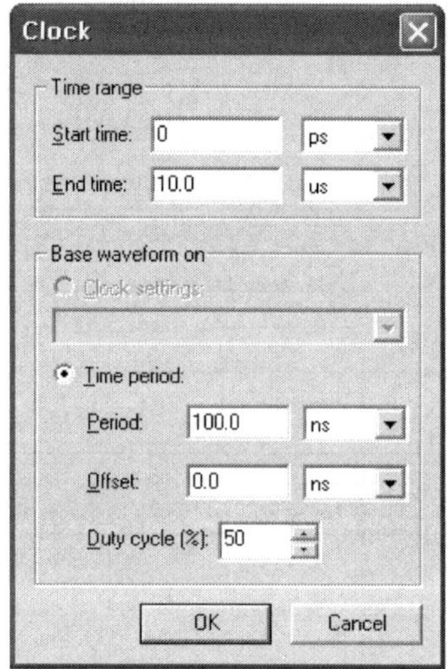

6) 만일 다른 입력 Node가 있다면, Node를 선택하고 마우스 우측 버튼을 눌러 Value → Low
   (High) 등을 설정한다.

7) 모든 입력신호 생성이 끝나면 Waveform 파일을 파일명 test.vwf로 저장한다.

8) 메뉴바의 Processing → Start Simulation을 눌러 시뮬레이션을 시작한다.

9) 메뉴바의 Processing → Simulation Report를 클릭하여 출력파형을 관찰하고 로직이 제대로
   설계되었는지 동작을 검증한다.

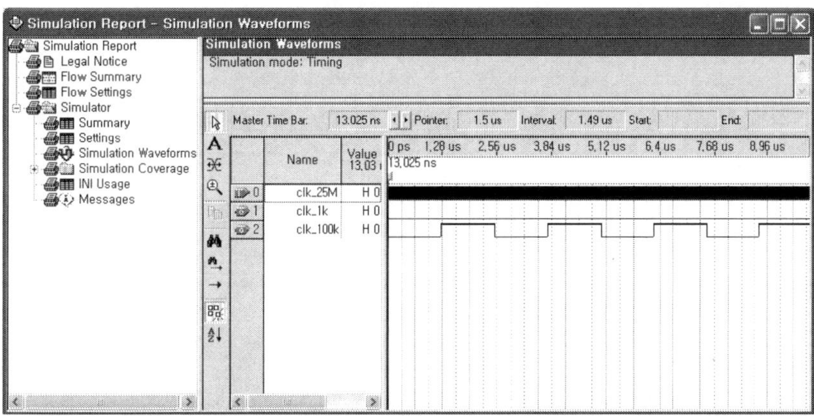

## 🔵 구현하기(Programmer)

로직 설계를 해서 Compile하고 시뮬레이션까지 에러없이 성공적으로 끝났으면, 이제 남은 일은 설계된 로직을 FPGA 실습보드에 다운로드하여 디바이스에 구현하는 것이다.


1) 메뉴바의 Tools → Programmer를 선택한다.

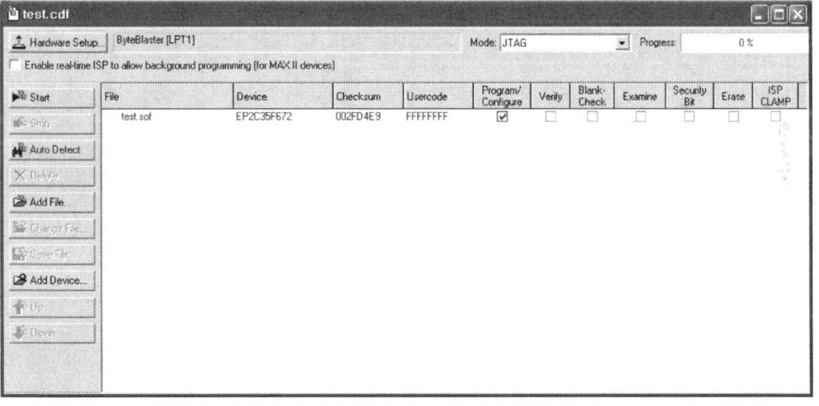

2) 프로그래밍 Mode를 JTAG로 선택한다.

3) Auto Detect 아이콘을 눌러 JTAG에 연결되어 있는 디바이스를 검사한다.

4) 좌측 상단에 있는 Hardware Setup 버튼을 클릭하여 다운로드 장치를 USB Blaster로 설정한다.

5) test.sof를 선택하고 Program/Configure Column을 체크한다.

6) 실습보드 좌측에 있는 RUN/PROG 스위치를 RUN으로 설정한다.

7) Start 버튼을 클릭해서 JTAG 방식으로 FPGA 디바이스에 Program을 구현한다.

Hardware Setup을 하기 전에 ~altera/quartus/drivers/usb-blaster/x32 디렉토리에 있는
USB Blaster가 미리 설치되어 있어야 한다.

실습 3

Practice

# DE2 FPGA실습보드 사용법

# 03 DE2 FPGA실습보드 사용법

본 실습에서는 Altera의 FPGA 실습보드인 DE2의 구조와 사용방법에 대해서 살펴보도록 한다.

## ① 실습 목표

- DE2 보드의 구조를 배운다.
- DE2 보드의 동작원리를 파악한다.
- DE2 보드의 사용방법을 익힌다.

## ② 실습 준비물

- Altera의 Quartus Ⅱ 설계도구
- Altera의 DE2 FPGA 실습보드
- USB Blaster

## ③ 주요 특성

- FPGA 종류 : Cyclone Ⅱ 계열의 EP2C35F672C6
    - 33,216 LEs
    - 내장 RAM : 484.84 kbit
    - Pin 수 : 672 pins (475 user pins)
- Configuration ROM : EPCS16 EEPROM
- Master 클럭 : 50 MHz and 27 MHz
- RAM : 512 kbyte SRAM, 8 Mbyte SDRAM
- ROM : 4 Mbyte Flash memory

- 입력 스위치 : Pushbutton switches, Toggle switches

- 출력장치 : LED, 7-Segment, LCD

- 멀티미디어 Port : 오디오 입출력단자, VGA 출력단자, TV 입력단자

- 통신 Port : Ethernet, USB, RS-232, PS/2, IrDA

④ 블록도

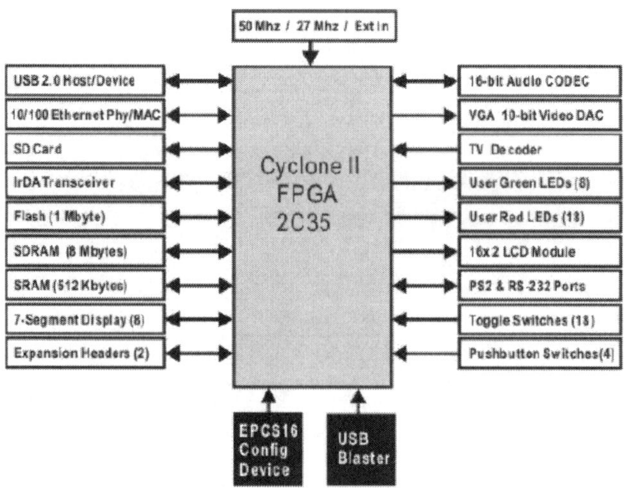


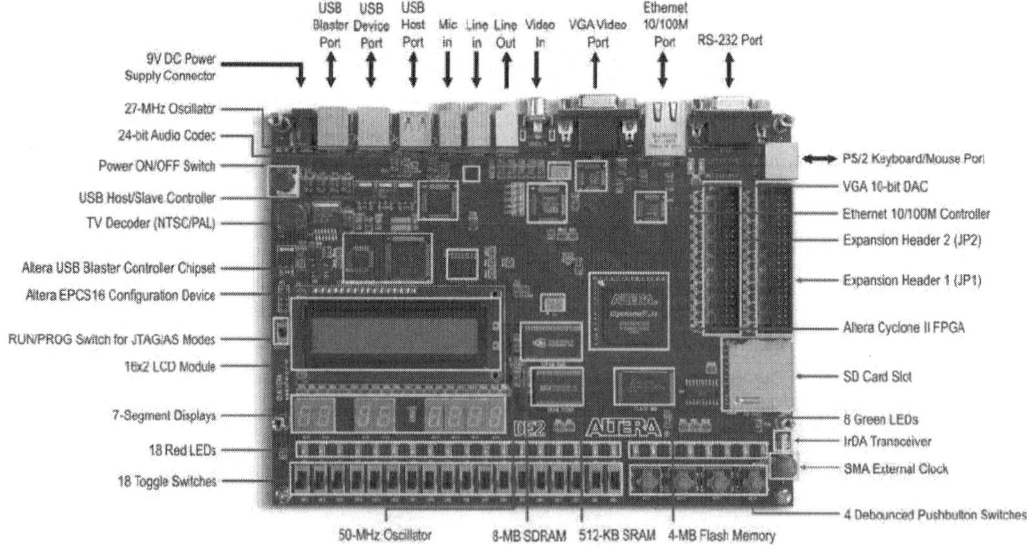

## ⑤ 구성 소자

- FPGA
  - EP2C35F672C6 : 33,216 LEs
- Configuration ROM
  - EPCS16 : Serial configuration EEPROM
- 2개의 Oscillator : 50 MHz, 27 MHz
- 외부 RAM
  - 512 kbit SRAM, 8 Mbyte SDRAM
- 외부 ROM
  - 4 Mbyte Flash memory
- 입력 스위치
  - 18개 Toggle 스위치, 4개 Pushbutton 스위치
- LED : Red 18개, Green 9개
- 8개의 7-Segment
- 16X2 LCD
- 9-pin RS232 Port
  - PC와 직렬 통신용
- 2개의 USB Port
  - 일반 데이터 통신용, USB Blaster 프로그래밍용
- 적외선 통신
  - 115.2 kb/s IrDA
- 3개의 Audio Port
  - line-in, line-out, microphone jack
- VGA Port
  - 모니터와 연결하여 데이터 출력
- TV-in connector
- PS/2 Port

- 키보드나 마우스와 연결하여 데이터 입력
- Ethernet connector : 10 Mb/s, 100 Mb/s
- SD Card slot
- 2개의 40-pin 확장 Port
  - FPGA의 각 핀을 외부와 연결하여 데이터 입출력
- 9V DC 전원

## ⑥ 사용방법

FPGA 실습보드의 사용방법은 다음과 같은 과정에 따라 동작시킨다.

① Assignments → Device 메뉴를 열어 디바이스를 Cyclone Ⅱ 계열의 EP2C35F672C6으로 선택한다.

② Compiler를 실행하여 "프로젝트명.sof"라는 파일을 생성한다.

③ Power 케이블 및 다운로드용 USB Blaster 케이블을 PC USB 포트에 연결한다.

④ 실습키트의 Power 스위치를 ON으로 전환한다.

⑤ Quartus Ⅱ에서 Tools → Programmer를 클릭하고, Hardware Setup 메뉴에서 다운로드 장치를 "USB Blaster"로 설정한다.

⑥ 프로그래밍 Mode를 JTAG로 선택한다.

⑦ "프로젝트명.sof"라는 파일의 Program/Configure를 check한다.

⑧ 실습보드 좌측에 있는 RUN/PROG 스위치를 RUN으로 설정한다.

⑨ Start 버튼을 클릭하여 JTAG 방식으로 FPGA에 다운로드한다.

⑩ 각종 출력장치의 표시결과를 보고 동작을 확인한다.

## ⑦ Pin 할당

- 총 User Pin 수 : 475 pins

## ◉ 클럭 Pin : input

| Pin 번호 | 신 호 | Pin 번호 | 신 호 |
|---|---|---|---|
| PIN_D13 | 27 MHz Clock | PIN_N2 | 50 MHz Clock |

## ◉ Toggle 스위치 : input

- Active High

| Pin 번호 | 신 호 | Pin 번호 | 신 호 |
|---|---|---|---|
| PIN_N25 | Toggle SW 0 | PIN_A13 | Toggle SW 9 |
| PIN_N26 | Toggle SW 1 | PIN_N1 | Toggle SW 10 |
| PIN_P25 | Toggle SW 2 | PIN_P1 | Toggle SW 11 |
| PIN_AE14 | Toggle SW 3 | PIN_P2 | Toggle SW 12 |
| PIN_AF14 | Toggle SW 4 | PIN_T7 | Toggle SW 13 |
| PIN_AD13 | Toggle SW 5 | PIN_U3 | Toggle SW 14 |
| PIN_AC13 | Toggle SW 6 | PIN_U4 | Toggle SW 15 |
| PIN_C13 | Toggle SW 7 | PIN_V1 | Toggle SW 16 |
| PIN_B13 | Toggle SW 8 | PIN_V2 | Toggle SW 17 |

## ◉ Pushbutton 스위치 : input

- Active Low

| Pin 번호 | 신 호 | Pin 번호 | 신 호 |
|---|---|---|---|
| PIN_G26 | Pushbutton SW 0 | PIN_P23 | Pushbutton SW 2 |
| PIN_N23 | Pushbutton SW 1 | PIN_W26 | Pushbutton SW 3 |

## ◉ LED : output

• Active High

| Pin 번호 | 신 호 | Pin 번호 | 신 호 | Pin 번호 | 신 호 |
|---|---|---|---|---|---|
| PIN_AE23 | Red LED 0 | PIN_Y13 | Red LED 9 | PIN_AE22 | Green LED 0 |
| PIN_AF23 | Red LED 1 | PIN_AA13 | Red LED 10 | PIN_AF22 | Green LED 1 |
| PIN_AB21 | Red LED 2 | PIN_AC14 | Red LED 11 | PIN_W19 | Green LED 2 |
| PIN_AC22 | Red LED 3 | PIN_AD15 | Red LED 12 | PIN_V18 | Green LED 3 |
| PIN_AD22 | Red LED 4 | PIN_AE15 | Red LED 13 | PIN_U18 | Green LED 4 |
| PIN_AD23 | Red LED 5 | PIN_AF13 | Red LED 14 | PIN_U17 | Green LED 5 |
| PIN_AD21 | Red LED 6 | PIN_AE13 | Red LED 15 | PIN_AA20 | Green LED 6 |
| PIN_AC21 | Red LED 7 | PIN_AE12 | Red LED 16 | PIN_Y18 | Green LED 7 |
| PIN_AA14 | Red LED 8 | PIN_AD12 | Red LED 17 | PIN_Y12 | Green LED 8 |

## ◉ 7-Segment : output

• Active Low

| Pin 번호 | 신 호 | Pin 번호 | 신 호 |
|---|---|---|---|
| PIN_AF10 | 7-Segment 0_a | PIN_V20 | 7-Segment 1_a |
| PIN_AB12 | 7-Segment 0_b | PIN_V21 | 7-Segment 1_b |
| PIN_AC12 | 7-Segment 0_c | PIN_W21 | 7-Segment 1_c |
| PIN_AD11 | 7-Segment 0_d | PIN_Y22 | 7-Segment 1_d |
| PIN_AE11 | 7-Segment 0_e | PIN_AA24 | 7-Segment 1_e |
| PIN_V14 | 7-Segment 0_f | PIN_AA23 | 7-Segment 1_f |
| PIN_V13 | 7-Segment 0_g | PIN_AB24 | 7-Segment 1_g |

| Pin 번호 | 신 호 | Pin 번호 | 신 호 |
|---|---|---|---|
| PIN_AB23 | 7-Segment 2_a | PIN_Y23 | 7-Segment 3_a |
| PIN_V22 | 7-Segment 2_b | PIN_AA25 | 7-Segment 3_b |
| PIN_AC25 | 7-Segment 2_c | PIN_AA26 | 7-Segment 3_c |
| PIN_AC26 | 7-Segment 2_d | PIN_Y26 | 7-Segment 3_d |
| PIN_AB26 | 7-Segment 2_e | PIN_Y25 | 7-Segment 3_e |
| PIN_AB25 | 7-Segment 2_f | PIN_U22 | 7-Segment 3_f |
| PIN_Y24 | 7-Segment 2_g | PIN_W24 | 7-Segment 3_g |

| Pin 번호 | 신 호 | Pin 번호 | 신 호 |
| --- | --- | --- | --- |
| PIN_U9 | 7-Segment 4_a | PIN_T2 | 7-Segment 5_a |
| PIN_U1 | 7-Segment 4_b | PIN_P6 | 7-Segment 5_b |
| PIN_U2 | 7-Segment 4_c | PIN_P7 | 7-Segment 5_c |
| PIN_T4 | 7-Segment 4_d | PIN_T9 | 7-Segment 5_d |
| PIN_R7 | 7-Segment 4_e | PIN_R5 | 7-Segment 5_e |
| PIN_R6 | 7-Segment 4_f | PIN_R4 | 7-Segment 5_f |
| PIN_T3 | 7-Segment 4_g | PIN_R3 | 7-Segment 5_g |

| Pin 번호 | 신 호 | Pin 번호 | 신 호 |
| --- | --- | --- | --- |
| PIN_R2 | 7-Segment 6_a | PIN_L3 | 7-Segment 7_a |
| PIN_P4 | 7-Segment 6_b | PIN_L2 | 7-Segment 7_b |
| PIN_P3 | 7-Segment 6_c | PIN_L9 | 7-Segment 7_c |
| PIN_M2 | 7-Segment 6_d | PIN_L6 | 7-Segment 7_d |
| PIN_M3 | 7-Segment 6_e | PIN_L7 | 7-Segment 7_e |
| PIN_M5 | 7-Segment 6_f | PIN_P9 | 7-Segment 7_f |
| PIN_M4 | 7-Segment 6_g | PIN_N9 | 7-Segment 7_g |

## ◉ LCD : output

- EN : Active Falling_edge

| Pin 번호 | 신 호 | Pin 번호 | 신 호 |
| --- | --- | --- | --- |
| PIN_K1 | RS | PIN_J1 | LCD Data 0 |
| PIN_K4 | RW | PIN_J2 | LCD Data 1 |
| PIN_K3 | EN | PIN_H1 | LCD Data 2 |
| PIN_L4 | Power | PIN_H2 | LCD Data 3 |
| PIN_K2 | Back Light | PIN_J4 | LCD Data 4 |
|  |  | PIN_J3 | LCD Data 5 |
|  |  | PIN_H4 | LCD Data 6 |
|  |  | PIN_H3 | LCD Data 7 |

## 〈LCD Instruction Code〉

| Instruction | RS | RW | D7 | D6 | D5 | D4 | D3 | D2 | D1 | D0 | 설  명 |
|---|---|---|---|---|---|---|---|---|---|---|---|
| 표시 클리어 | 0 | 0 | 0 | 0 | 0 | 0 | 0 | 0 | 0 | 1 | • 모든 표시 삭제<br>• DD RAM 0번지로 설정 |
| 커서 홈 | 0 | 0 | 0 | 0 | 0 | 0 | 0 | 0 | 1 | – | • 커서와 DD RAM의 주소를<br>0번지로 설정 |
| 입력모드 | 0 | 0 | 0 | 0 | 0 | 0 | 0 | 1 | I/D | S | • I/D=1(0):DD RAM 주소를<br>+1(−1) 증가(감소)<br>• S=1(0):shift on(off) |
| 표시 제어 | 0 | 0 | 0 | 0 | 0 | 0 | 1 | D | C | B | • D=1(0):표시 on(off)<br>• C=1(0):커서 on(off)<br>• B=1(0):점멸 on(off) |
| 커서/문자 이동 | 0 | 0 | 0 | 0 | 0 | 1 | S/C | R/L | 0 | 0 | • S/C=0:커서를 이동<br>• S/C=1:문자를 이동<br>• R/L=0(1):좌측(우측) |
| 표시 옵션 | 0 | 0 | 0 | 0 | 1 | DL | N | F | 0 | 0 | • DL=1:8-bit 데이터<br>• N=0(1):1(2)줄 높이<br>• F=0(1):5×7(10) dot |
| CG RAM 주소 설정 | 0 | 0 | 0 | 1 | ACG | | | | | | • CG RAM 주소 설정<br>• 주소 설정후 RAM 사용 |
| DD RAM 주소 설정 | 0 | 0 | 1 | ADD | | | | | | | • DD RAM 주소 설정<br>• 주소 설정후 RAM 사용 |
| Busy Flag 읽기 | 0 | 1 | BF | AC(주소 카운터) | | | | | | | • BF, AC의 내용 읽기<br>• BF=1 : busy 상태<br>• BF=0 : 대기 상태 |
| CG/DD RAM 데이터 쓰기 | 1 | 0 | Write Data | | | | | | | | • DD RAM에 데이터 쓰기 |
| CG/DD RAM 데이터 읽기 | 1 | 1 | Read Data | | | | | | | | • DD RAM의 데이터 읽기 |

※RS = 0 : instruction, 1 : data

※R/W = 0 : write, 1 : read

## ◉ VGA 포트 Pin : output

| Pin 번호 | 신 호 | Pin 번호 | 신 호 |
|---|---|---|---|
| PIN_C8 | Red 0 | PIN_B9 | Green 0 |
| PIN_F10 | Red 1 | PIN_A9 | Green 1 |
| PIN_G10 | Red 2 | PIN_C10 | Green 2 |
| PIN_D9 | Red 3 | PIN_D10 | Green 3 |
| PIN_C9 | Red 4 | PIN_B10 | Green 4 |
| PIN_A8 | Red 5 | PIN_A10 | Green 5 |
| PIN_H11 | Red 6 | PIN_G11 | Green 6 |
| PIN_H12 | Red 7 | PIN_D11 | Green 7 |
| PIN_F11 | Red 8 | PIN_E12 | Green 8 |
| PIN_E10 | Red 9 | PIN_D12 | Green 9 |

| Pin 번호 | 신 호 | Pin 번호 | 신 호 |
|---|---|---|---|
| PIN_J13 | Blue 0 | PIN_B8 | Clock |
| PIN_J14 | Blue 1 | PIN_D6 | Blank |
| PIN_F12 | Blue 2 | PIN_A7 | H_sync |
| PIN_G12 | Blue 3 | PIN_D8 | V_sync |
| PIN_J10 | Blue 4 | PIN_B7 | Sync |
| PIN_J11 | Blue 5 | | |
| PIN_C11 | Blue 6 | | |
| PIN_B11 | Blue 7 | | |
| PIN_C12 | Blue 8 | | |
| PIN_B12 | Blue 9 | | |

## ◉ Audio CODEC Pin : output

| Pin 번호 | 신 호 | Pin 번호 | 신 호 |
|---|---|---|---|
| PIN_C5 | ADC LR Clock | PIN_A5 | Chip Clock |
| PIN_B5 | ADC Data (input) | PIN_B4 | Bit-Stream Clock |
| PIN_C6 | DAC LR Clock | PIN_B6 | I2C Clock |
| PIN_A4 | DAC Data | PIN_A6 | I2C Data (bidir) |

## ◉ UART(RS232C) 포트 Pin

| Pin 번호 | 신 호 | Pin 번호 | 신 호 |
|---|---|---|---|
| PIN_B25 | TX Data (output) | PIN_C25 | RX Data (input) |

## ◉ PS/2 포트 Pin

| Pin 번호 | 신 호 | Pin 번호 | 신 호 |
|---|---|---|---|
| PIN_D26 | Clock (output) | PIN_C24 | Data (bidir) |

## ◉ Ethernet 포트 Pin : bidirection/output

| Pin 번호 | 신 호 | Pin 번호 | 신 호 |
|---|---|---|---|
| PIN_D17 | Data 0 (bidir) | PIN_B19 | Data 12 (bidir) |
| PIN_C17 | Data 1 (bidir) | PIN_A19 | Data 13 (bidir) |
| PIN_B18 | Data 2 (bidir) | PIN_E18 | Data 14 (bidir) |
| PIN_A18 | Data 3 (bidir) | PIN_D18 | Data 15 (bidir) |
| PIN_B17 | Data 4 (bidir) | PIN_B24 | 25 MHz Clock (output) |
| PIN_A17 | Data 5 (bidir) | PIN_A21 | Command/Data Select, 0 : Command / 1: Data |
| PIN_B16 | Data 6 (bidir) | PIN_A23 | Chip Select (output) |
| PIN_B15 | Data 7 (bidir) | PIN_B21 | Interrupt (input) |
| PIN_B20 | Data 8 (bidir) | PIN_A22 | Read (output) |
| PIN_A20 | Data 9 (bidir) | PIN_B22 | Write (output) |
| PIN_C19 | Data 10 (bidir) | PIN_B23 | Reset (output) |
| PIN_D19 | Data 11 (bidir) | | |

## ◉ TV-in 포트 Pin : input

| Pin 번호 | 신 호 | Pin 번호 | 신 호 |
| --- | --- | --- | --- |
| PIN_J9 | Data 0 | PIN_C16 | Clock |
| PIN_E8 | Data 1 | PIN_C4 | Reset (output) |
| PIN_H8 | Data 2 | PIN_D5 | H_Sync |
| PIN_H10 | Data 3 | PIN_K9 | V_Sync |
| PIN_G9 | Data 4 | PIN_B6 | I2C Clock (output) |
| PIN_F9 | Data 5 | PIN_A6 | I2C Data (bidir) |
| PIN_D7 | Data 6 | | |
| PIN_C7 | Data 7 | | |

## ◉ USB 포트 Pin : bidirection/output

| Pin 번호 | 신 호 | Pin 번호 | 신 호 |
| --- | --- | --- | --- |
| PIN_F4 | Data 0 (bidir) | PIN_K7 | Address 0 (output) |
| PIN_D2 | Data 1 (bidir) | PIN_F2 | Address 1 (output) |
| PIN_D1 | Data 2 (bidir) | PIN_F1 | Chip Select (output) |
| PIN_F7 | Data 3 (bidir) | PIN_G5 | Reset (output) |
| PIN_J5 | Data 4 (bidir) | PIN_G2 | Read (output) |
| PIN_J8 | Data 5 (bidir) | PIN_G1 | Write (output) |
| PIN_J7 | Data 6 (bidir) | PIN_B3 | Interrupt 0 (input) |
| PIN_H6 | Data 7 (bidir) | PIN_C3 | Interrupt 1 (input) |
| PIN_E2 | Data 8 (bidir) | PIN_C2 | DMA Ack 0 (output) |
| PIN_E1 | Data 9 (bidir) | PIN_B2 | DMA Ack 1 (output) |
| PIN_K6 | Data 10 (bidir) | PIN_F6 | DMA Req 0 (input) |
| PIN_K5 | Data 11 (bidir) | PIN_E5 | DMA Req 1 (input) |
| PIN_G4 | Data 12 (bidir) | PIN_F3 | Full Speed (bidir)<br>0 : Enable |
| PIN_G3 | Data 13 (bidir) | PIN_G6 | Low Speed (bidir)<br>0 : Enable |
| PIN_J6 | Data 14 (bidir) | | |
| PIN_K8 | Data 15 (bidir) | | |

## ◉ 적외선(IrDA) 포트 Pin

| Pin 번호 | 신 호 | Pin 번호 | 신 호 |
|---|---|---|---|
| PIN_AE24 | TX Data (output) | PIN_AE25 | RX Data (input) |

## ◉ SDRAM Pin : bidirection/output

| Pin 번호 | 신 호 | Pin 번호 | 신 호 |
|---|---|---|---|
| PIN_T6 | Address 0 (output) | PIN_V6 | Data 0 (bidir) |
| PIN_V4 | Address 1 (output) | PIN_AA2 | Data 1 (bidir) |
| PIN_V3 | Address 2 (output) | PIN_AA1 | Data 2 (bidir) |
| PIN_W2 | Address 3 (output) | PIN_Y3 | Data 3 (bidir) |
| PIN_W1 | Address 4 (output) | PIN_Y4 | Data 4 (bidir) |
| PIN_U6 | Address 5 (output) | PIN_R8 | Data 5 (bidir) |
| PIN_U7 | Address 6 (output) | PIN_T8 | Data 6 (bidir) |
| PIN_U5 | Address 7 (output) | PIN_V7 | Data 7 (bidir) |
| PIN_W4 | Address 8 (output) | PIN_W6 | Data 8 (bidir) |
| PIN_W3 | Address 9 (output) | PIN_AB2 | Data 9 (bidir) |
| PIN_Y1 | Address 10 (output) | PIN_AB1 | Data 10 (bidir) |
| PIN_V5 | Address 11 (output) | PIN_AA4 | Data 11 (bidir) |
| | | PIN_AA3 | Data 12 (bidir) |
| | | PIN_AC2 | Data 13 (bidir) |
| | | PIN_AC1 | Data 14 (bidir) |
| | | PIN_AA5 | Data 15 (bidir) |

| Pin 번호 | 신 호 | Pin 번호 | 신 호 |
|---|---|---|---|
| PIN_AE2 | Bank Address 0 (output) | PIN_AB3 | Column Address Strobe (output) |
| PIN_AE3 | Bank Address 1 (output) | PIN_AA7 | Clock (output) |
| PIN_AD2 | Low-byte Data Mask (output) | PIN_AA6 | Clock Enable (output) |
| PIN_Y5 | High-byte Data Mask (output) | PIN_AC3 | Chip Select (output) |
| PIN_AB4 | Row Address Strobe (output) | PIN_AD3 | Write Enable (output) |

## ◉ SRAM Pin ： bidirection/output

| Pin 번호 | 신 호 | Pin 번호 | 신 호 |
|---|---|---|---|
| PIN_AE4 | Address 0 (output) | PIN_AD8 | Data 0 (bidir) |
| PIN_AF4 | Address 1 (output) | PIN_AE6 | Data 1 (bidir) |
| PIN_AC5 | Address 2 (output) | PIN_AF6 | Data 2 (bidir) |
| PIN_AC6 | Address 3 (output) | PIN_AA9 | Data 3 (bidir) |
| PIN_AD4 | Address 4 (output) | PIN_AA10 | Data 4 (bidir) |
| PIN_AD5 | Address 5 (output) | PIN_AB10 | Data 5 (bidir) |
| PIN_AE5 | Address 6 (output) | PIN_AA11 | Data 6 (bidir) |
| PIN_AF5 | Address 7 (output) | PIN_Y11 | Data 7 (bidir) |
| PIN_AD6 | Address 8 (output) | PIN_AE7 | Data 8 (bidir) |
| PIN_AD7 | Address 9 (output) | PIN_AF7 | Data 9 (bidir) |
| PIN_V10 | Address 10 (output) | PIN_AE8 | Data 10 (bidir) |
| PIN_V9 | Address 11 (output) | PIN_AF8 | Data 11 (bidir) |
| PIN_AC7 | Address 12 (output) | PIN_W11 | Data 12 (bidir) |
| PIN_W8 | Address 13 (output) | PIN_W12 | Data 13 (bidir) |
| PIN_W10 | Address 14 (output) | PIN_AC9 | Data 14 (bidir) |
| PIN_Y10 | Address 15 (output) | PIN_AC10 | Data 15 (bidir) |
| PIN_AB8 | Address 16 (output) | | |
| PIN_AC8 | Address 17 (output) | | |

| Pin 번호 | 신 호 | Pin 번호 | 신 호 |
|---|---|---|---|
| PIN_AC11 | Chip Enable (output) | PIN_AE9 | Low-byte Data Mask (output) |
| PIN_AE10 | Write Enable (output) | PIN_AF9 | High-byte Data Mask (output) |
| PIN_AD10 | Output Enable(output) | | |

## ◉ Flash Memory Pin : bidirection/output

| Pin 번호 | 신 호 | Pin 번호 | 신 호 |
|---|---|---|---|
| PIN_AC18 | Address 0 (output) | PIN_AC15 | Address 17 (output) |
| PIN_AB18 | Address 1 (output) | PIN_AB15 | Address 18 (output) |
| PIN_AE19 | Address 2 (output) | PIN_AA15 | Address 19 (output) |
| PIN_AF19 | Address 3 (output) | PIN_Y15 | Address 20 (output) |
| PIN_AE18 | Address 4 (output) | PIN_Y14 | Address 21 (output) |
| PIN_AF18 | Address 5 (output) | PIN_AD19 | Data 0 (bidir) |
| PIN_Y16 | Address 6 (output) | PIN_AC19 | Data 1 (bidir) |
| PIN_AA16 | Address 7 (output) | PIN_AF20 | Data 2 (bidir) |
| PIN_AD17 | Address 8 (output) | PIN_AE20 | Data 3 (bidir) |
| PIN_AC17 | Address 9 (output) | PIN_AB20 | Data 4 (bidir) |
| PIN_AE17 | Address 10 (output) | PIN_AC20 | Data 5 (bidir) |
| PIN_AF17 | Address 11 (output) | PIN_AF21 | Data 6 (bidir) |
| PIN_W16 | Address 12 (output) | PIN_AE21 | Data 7 (bidir) |
| PIN_W15 | Address 13 (output) | PIN_AA18 | Reset (output) |
| PIN_AC16 | Address 14 (output) | PIN_V17 | Chip Enable (output) |
| PIN_AD16 | Address 15 (output) | PIN_AA17 | Write Enable (output) |
| PIN_AE16 | Address 16 (output) | PIN_W17 | Output Enable(output) |

## ◉ 확장 포트 Pin : GPIO 0

| Pin 번호 | 신 호 | Pin 번호 | 신 호 |
|---|---|---|---|
| PIN_D25 | Header 0_1 | PIN_J23 | Header 0_21 |
| PIN_J22 | Header 0_2 | PIN_J24 | Header 0_22 |
| PIN_E26 | Header 0_3 | PIN_H25 | Header 0_23 |
| PIN_E25 | Header 0_4 | PIN_H26 | Header 0_24 |
| PIN_F24 | Header 0_5 | PIN_H19 | Header 0_25 |
| PIN_F23 | Header 0_6 | PIN_K18 | Header 0_26 |
| PIN_J21 | Header 0_7 | PIN_K19 | Header 0_27 |
| PIN_J20 | Header 0_8 | PIN_K21 | Header 0_28 |
| PIN_F25 | Header 0_9 | VDD_3V | Header 0_29 |
| PIN_F26 | Header 0_10 | Ground | Header 0_30 |
| VDD_5V | Header 0_11 | PIN_K23 | Header 0_31 |
| Ground | Header 0_12 | PIN_K24 | Header 0_32 |
| PIN_N18 | Header 0_13 | PIN_L21 | Header 0_33 |
| PIN_P18 | Header 0_14 | PIN_L20 | Header 0_34 |
| PIN_G23 | Header 0_15 | PIN_J25 | Header 0_35 |
| PIN_G24 | Header 0_16 | PIN_J26 | Header 0_36 |
| PIN_K22 | Header 0_17 | PIN_L23 | Header 0_37 |
| PIN_G25 | Header 0_18 | PIN_L24 | Header 0_38 |
| PIN_H23 | Header 0_19 | PIN_L25 | Header 0_39 |
| PIN_H24 | Header 0_20 | PIN_L19 | Header 0_40 |

## ◉ 확장 포트 Pin : GPIO 1

| Pin 번호 | 신 호 | Pin 번호 | 신 호 |
|---|---|---|---|
| PIN_K25 | Header 1_1 | PIN_T25 | Header 1_21 |
| PIN_K26 | Header 1_2 | PIN_T18 | Header 1_22 |
| PIN_M22 | Header 1_3 | PIN_T21 | Header 1_23 |
| PIN_M23 | Header 1_4 | PIN_T20 | Header 1_24 |
| PIN_M19 | Header 1_5 | PIN_U26 | Header 1_25 |
| PIN_M20 | Header 1_6 | PIN_U25 | Header 1_26 |
| PIN_N20 | Header 1_7 | PIN_U23 | Header 1_27 |
| PIN_M21 | Header 1_8 | PIN_U24 | Header 1_28 |
| PIN_M24 | Header 1_9 | VDD_3V | Header 1_29 |
| PIN_M25 | Header 1_10 | Ground | Header 1_30 |
| VDD_5V | Header 1_11 | PIN_R19 | Header 1_31 |
| Ground | Header 1_12 | PIN_T19 | Header 1_32 |
| PIN_N24 | Header 1_13 | PIN_U20 | Header 1_33 |
| PIN_P24 | Header 1_14 | PIN_U21 | Header 1_34 |
| PIN_R25 | Header 1_15 | PIN_V26 | Header 1_35 |
| PIN_R24 | Header 1_16 | PIN_V25 | Header 1_36 |
| PIN_R20 | Header 1_17 | PIN_V24 | Header 1_37 |
| PIN_T22 | Header 1_18 | PIN_V23 | Header 1_38 |
| PIN_T23 | Header 1_19 | PIN_W25 | Header 1_39 |
| PIN_T24 | Header 1_20 | PIN_W23 | Header 1_40 |

실습 4

# Verilog HDL 구조

❶ 실습 목표

❷ 문의 종류 및 형식

❸ Verilog HDL의 기본 구조

❹ Verilog HDL 기술절차

❺ 연습문제

# 04 Verilog HDL 구조

본 실습에서는 대표적인 디지털 하드웨어 기술언어인 Verilog HDL(Hardware Description Language)의 구조와 문법에 대해서 살펴보도록 한다.

## ① 실습 목표

- Verilog HDL 문(statement)의 종류를 배운다.
- Verilog HDL의 형식 및 문법을 익힌다.
- Verilog HDL 프로그램의 기본 구조를 파악한다.
- Verilog HDL 설계의 실제 구현방법을 소개한다.

## ② 문의 종류 및 형식

### ◉ Verilog HDL 기본 구조

```
module 모듈명(포트명 목록);
// 선언부
        (입출력포트 선언)
        (상수 및 변수 선언)
        (함수 정의)
// 동작부
        (assign 문을 이용한 조합논리 동작 기술)
        (always 문을 이용한 순차논리 동작 기술)
        (함수 호출)
        (하위모듈 파생)
endmodule
```

- 예제 파일명 : AND2.v

```verilog
module AND2(A, B, Y);
        input     A, B;
        output    Y;


        assign Y = A & B;
    endmodule
```

## ◉ Verilog HDL 설계규칙

- module 명은 파일명과 동일해야 한다.
- 식별어(identifier)는 알파벳, 숫자, 밑줄(_), $ 만을 사용하여 명명한다.
  단, 예약어(keyword)는 사용할 수 없다.
- 식별어는 대문자와 소문자를 구별한다.
- 문장의 끝에는 반드시 세미콜론(;)을 붙인다.
- 주석(comment)은 한 줄은 '//'로 시작하여 그 줄의 끝까지 해당되며,
  여러 줄은 시작과 끝에 '/*'와 '*/'를 사용한다.
- 예약어는 반드시 소문자로 표현해야 하며, 반면 식별어는 구별하기 쉽도록 대문자로 표현하는 것
  이 좋다.

### 주요 keyword 목록

| always | bufif0  | end         | for      | integer | not    | parameter | tri0  | wor  |
|--------|---------|-------------|----------|---------|--------|-----------|-------|------|
| and    | bufif1  | endcase     | function | module  | notif0 | posedge   | tri1  | xnor |
| assign | case    | endfunction | if       | nand    | notif1 | reg       | wand  | xor  |
| begin  | default | endmodule   | inout    | negedge | or     | task      | while |      |
| buf    | else    | endtask     | input    | nor     | output | tri       | wire  |      |

## ◉ Verilog HDL 표현방식

• 동작적(behavioral) 표현 : 블록 내에서 동작 형태를 기능적으로 기술

```verilog
module XOR2(A, B, Y);
        input      A, B;
        output     Y;


        always@(A or B)
                begin
                if (A==B)
                        Y = 1'b0;
                else
                        Y = 1'b1;
                end
endmodule
```

• 데이터 흐름적(flow) 표현 : 조합회로를 논리 게이트로 표현

```verilog
module XOR2(A, B, Y);
        input      A, B;
        output     Y;

        assign Y = A ^ B;
endmodule
```

• 구조적(structural) 표현 : 계층구조에서 하드웨어 연결방식으로 표현

```verilog
module XOR2(A, B, Y);
        input      A, B;
        output     Y;

        XOR1      u1         (.din1(a), .din2(b), .dout(y));
endmodule
```

## ◉ 상수(constant)와 변수(variable)

- wire : 회로 구성요소들 간을 물리적으로 연결하는 net

  값을 할당하기 위해 '=' 기호를 사용

- reg : 주로 Latch나 Flip-Flop을 표현하며 값을 저장

  값을 할당하기 위해 '<=' 기호를 사용

- parameter : 특정한 값으로 초기화시키는 상수

## ◉ 연산자(operator)

| 비트 연산자 | ~, &, \|, ^, ~&, ~\|, ~^ | 비트 단위로 논리 게이트 연산 |
|---|---|---|
| 관계 연산자 | ==, !=, <, >, <=, >= | 크기 비교, 조건문에 사용 |
| 논리 연산자 | !, &&, \|\| | 논리 연산, 조건문에 사용 |
| 산술 연산자 | +, -, *, /, % | 4칙 연산 |
| 이동 연산자 | <<, >> | 비트 단위로 좌우 이동 |
| 기타 연산자 | ? : , { } | 논리조건 선택, 비트 연접 |

## ◉ 문(statement)

- assign 문 : wire에 어떤 값이나 신호를 지속적으로 할당하는 경우에 사용

```
module AND2(A, B, Y);
        input     A, B;
        output    Y;

        assign Y = A & B;
endmodule
```

• always 문 : 어떤 감지신호가 변할 때마다 항상 동작하는 경우에 사용

@(감지신호 목록)과 함께 사용

블록(begin~end)에서 순차 할당은 '=', 동시 할당은 '<=' 사용

```verilog
module DFF(RST, CLK, D, Q);
        input       RST, CLK, D;
        output      Q;

        always@(negedge RST or posedge CLK)
                begin
                if (RST==1'b0)
                        Q <= 1'b0;
                else
                        Q <= D;
                end
endmodule
```

• if 문 : 조건문

```verilog
module XOR2(A, B, Y);
        input       A, B;
        output      Y;

        always@(A or B)
                begin
                if (A==B)
                        Y = 1'b0;
                else
                        Y = 1'b1;
                end
endmodule
```

- case 문 : 선택문

```verilog
module MUX4(A, B, Y);
        input    [1:0]    A;
        input    [3:0]    B;
        output   Y;

        always@(A or B)
            case(A)
                2'd0    :        Y = B[0];
                2'd1    :        Y = B[1];
                2'd2    :        Y = B[2];
                2'd3    :        Y = B[3];
                default :        Y = 1'b0;
            endcase
endmodule
```

- for 문 : 반복문

```verilog
module KKK(A, B, Y);
        input    [3:0]    A, B;
        output   [3:0]    Y;

        begin
            for(n=0; n<4; n=n+1)
                Y[n] = A[n] & B[n];
        end
endmodule
```

- function 문 : 특정 기능을 수행하는 조합논리 블록

  input port만 있고 output port가 없는 대신 함수명으로 값을 반환

```verilog
module DEC2TO4(DIN, DOUT);
        input [1:0] DIN;
        output reg [3:0] DOUT;

        always@(DIN)
                begin
                        DOUT = DEC(DIN);
                end

        function [3:0] DEC;
                input [1:0] VAL;
                begin
                        case(VAL)
                                0 : DEC = 4'b0001;
                                1 : DEC = 4'b0010;
                                2 : DEC = 4'b0100;
                                3 : DEC = 4'b1000;
                                default: DEC = 4'b0000;
                        endcase
                end
        endfunction
endmodule
```

- task 문 : 특정 기능을 수행하는 조합 및 순차논리 블록

  input 및 output port가 있으며 return 값은 없다

```verilog
module OPERATION(A, B, AB_AND, AB_OR, AB_XOR);
        input [15:0] A, B;
        output reg [15:0] AB_AND, AB_OR, AB_XOR;
```

```verilog
            always@(A or B)
                begin
                        BITWISE_OPER(A, B, AB_AND, AB_OR, AB_XOR);
                end

        task BITWISE_OPER;
                input [15:0] A_IN, B_IN;
                output [15:0] AND_OUT, OR_OUT, XOR_OUT;
                begin
                        AND_OUT = A_IN & B_IN;
                        OR_OUT = A_IN | B_IN;
                        XOR_OUT = A_IN ^ B_IN;
                end
        endtask
    endmodule
```

## ③ Verilog HDL의 기본 구조

### ◉ Verilog HDL 계층도

```verilog
module <module_name>(<port_name>, <port_name>, ...);
// Input port
    input <port_name>;
    input <msb>:<lsb> <port_name>;
    input wire <port_name>;
    input signed <msb>:<lsb> <port_name>;
// Output port
    output <port_name>;
    output <msb>:<lsb> <port_name>;
output reg <msb>:<lsb> <port_name>;
    output signed <msb>:<lsb> <port_name>;
    output reg signed <msb>:<lsb> <port_name>;
```

```verilog
// Inout port
        inout <port_name>;
        inout <msb>:<lsb> <port_name>;
        inout signed <msb>:<lsb> <port_name>;
// Parameter constant
        parameter <param_name> = <default_value>;
        parameter <msb>:<lsb> <param_name> = <default_value>;
        parameter signed <msb>:<lsb> <param_name> = <default_value>;
// Net variable
        wire <net_name>;
        wire <net_name> = <continuous_assignment>;
        wire <msb>:<lsb> <net_name>;
// Register variable
        reg <variable_name>;
        reg <variable_name> = <initial_value>;
        reg <msb>:<lsb> <variable_name>;
        reg <msb>:<lsb> <variable_name> = <initial_value>;
        reg signed <msb>:<lsb> <variable_name>;
        reg signed <msb>:<lsb> <variable_name> = <initial_value>;
        reg <msb>:<lsb> <variable_name><array_msb>:<array_lsb>;
// Function declaration
        function <func_return_type> <func_name>(<input_arg_decls>);
                statements;
                ...
        endfunction
// Task declaration
        task <task_name>(<arg_decls>);
                statements;
                ...
        endtask
// Assign statement
        assign <wire_name> = <expr>;
```

```
// Always statement
    always @(negedge <reset> or posedge <clock_signal>)
    begin
            if (<expr>)
                    statements;
            else if (<expr>)
                    statements;
            else
                    statements;


            case(<expr>)
                    <case_item_exprs> : <sequential statement>;
                    ...
                    default : <statement>;
            endcase


            for(i = 0; i < 8; i = i+1)
            begin
                    statements;
            end
    end

endmodule
```

## ④ Verilog HDL 기술절차

일반적으로 Verilog HDL 언어를 사용하여 회로를 구현하는 과정은 다음과 같다.

① 프로젝트명과 동일한 명칭으로 "module_name"을 정한다.

② 외부 입출력 포트(port)를 선언한다.

③ 상수(parameter) 및 변수(wire, reg)를 선언한다.

④ assign, always 문을 사용하여 회로동작을 기술한다.

⑤ 조건문(if), 선택문(case), 반복문(for) 등을 이용하여 블록의 동작을 기술한다.

⑥ 복잡한 기능은 function, task 함수로 정의하고 호출하여 사용한다.

⑦ 계층적 구조의 경우 하위모듈을 파생(instantiation)하고 포트를 매핑한다.

⑧ 컴파일 및 에러수정의 반복과정을 통하여 회로를 완성한다.

## ⑤ 연습문제

다음과 같은 기능을 수행하는 회로를 설계하라.

• Verilog HDL을 사용하여 1-bit 반가산기 회로를 설계

• Verilog HDL을 사용하여 DFF을 설계하기

*Verilog HDL 회로설계 실습*

# 기본 입출력장치 활용

# 05  기본 입출력장치 활용

본 실습에서는 Pushbutton 스위치, Toggle 스위치, LED 등 기본 입출력장치의 활용에 대하여 알아본다.

## ① 실습 목표

- 푸쉬버튼 스위치의 활용을 배운다.
- 토글 스위치의 활용을 배운다.
- LED 표시장치의 활용을 배운다.
- FPGA 실습보드에 회로를 구현하고 동작을 확인한다.

## ② 실습 준비물

- Altera의 Quartus Ⅱ 설계도구
- Altera의 DE2 FPGA 실습보드
- USB Blaster

## ③ 사용 디바이스

- FPGA 종류 : Cyclone Ⅱ 계열의 EP2C35F672C6
- 데이터 입력장치 : Pushbutton 스위치, Toggle 스위치
- 출력 표시장치 : LED 표시기

## ④ 동작 원리

회로에 데이터를 입력할 수 있는 기본장치로서 4개의 Pushbutton 스위치와 18개의 Toggle 스위치가 있고, 출력하는 기본장치로는 18개의 Red LED와 9개의 Green LED 소자가 있다. 푸쉬버튼 스위치는 스위치를 눌렀을 때 '0'이 입력되는 Active Low 방식으로 동작한다. 토글 스위치는 스위치를 위로 올리면 '1', 아래로 내리면 '0'이 입력된다. 그리고 LED는 '1'이면 ON, '0'이면 OFF된다. 이와 같은 기본 입출력장치는 개별소자 단위로 제어하기 때문에 Bit 단위로 데이터를 입출력할 때 유용하게 사용될 수 있다.

## ⑤ 회로도

- 파일명 : basic.bdf

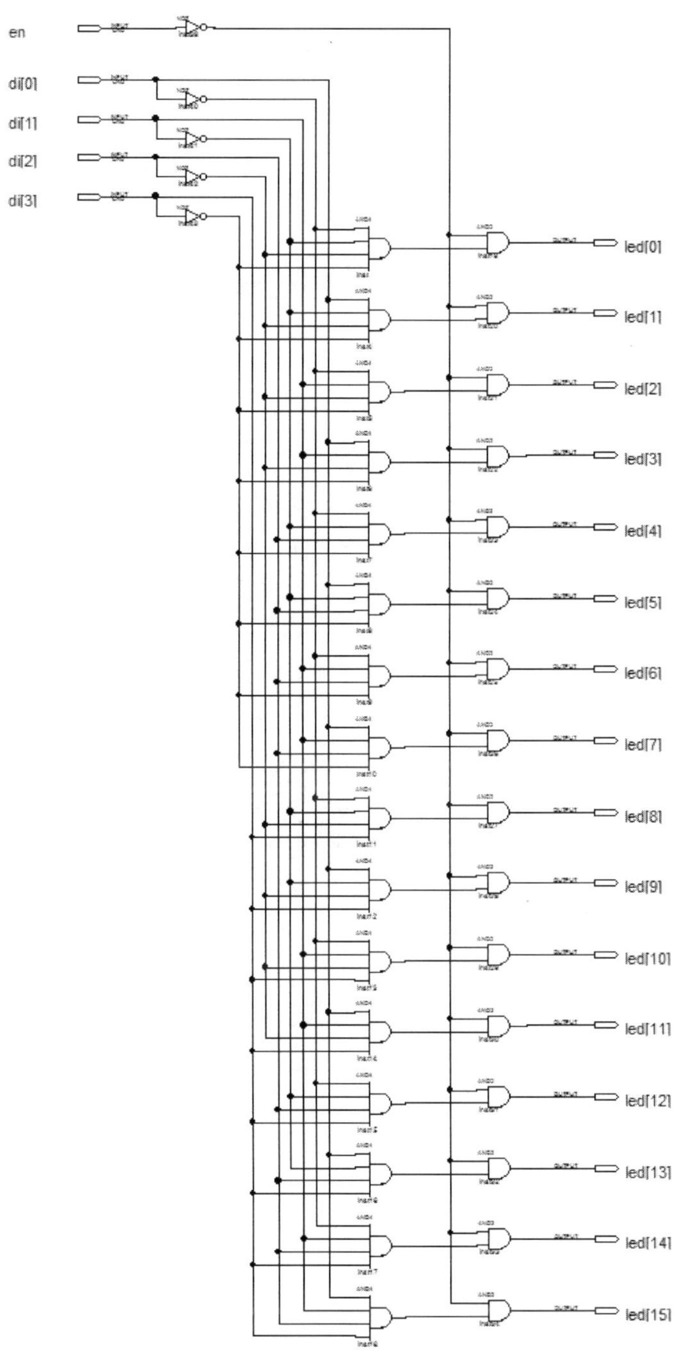

## ⑥ Verilog HDL 프로그램

• 파일명 : basic.v

```verilog
module basic(DIN, EN, LED);
        input                   [3:0]      DIN;
        input                              EN;
        output    reg           [15:0]     LED;


        always @(EN or DIN)
        begin
                if (EN==1'b0)                              // active low
                        case (DIN)
                                0 : LED = 16'b0000000000000001;
                                1 : LED = 16'b0000000000000010;
                                2 : LED = 16'b0000000000000100;
                                3 : LED = 16'b0000000000001000;
                                4 : LED = 16'b0000000000010000;
                                5 : LED = 16'b0000000000100000;
                                6 : LED = 16'b0000000001000000;
                                7 : LED = 16'b0000000010000000;
                                8 : LED = 16'b0000000100000000;
                                9 : LED = 16'b0000001000000000;
                                10 : LED = 16'b0000010000000000;
                                11 : LED = 16'b0000100000000000;
                                12 : LED = 16'b0001000000000000;
                                13 : LED = 16'b0010000000000000;
                                14 : LED = 16'b0100000000000000;
                                15 : LED = 16'b1000000000000000;
                                default : LED = 16'b0000000000000000;
                        endcase
                else
                        LED = 16'b0000000000000000;
        end
endmodule
```

## ⑦ 실습 절차

실습은 기본 입출력장치 회로를 설계하고 시뮬레이션한 후, FPGA 실습보드의 푸쉬버튼 스위치와 토글 스위치 및 LED 표시기를 통해서 입출력을 확인하도록 한다.

① File → New Project Wizard 메뉴에서 "basic"라는 이름을 사용하여 새로운 프로젝트를 생성한다.

② 이때 Device는 Cyclone II 패밀리의 "EP2C35F672C6" 디바이스를 설정한다.

③ File → New 메뉴로부터 회로 편집기인 Schematic File을 열고 회로를 입력한 후, "basic.bdf"라는 이름으로 저장한다. 또는 File → New 메뉴로부터 문서 편집기인 Verilog HDL File을 열고 Verilog HDL 프로그램을 작성한 후, "basic.v"라는 이름으로 저장한다.

④ Project → Add Files in Project 메뉴를 이용하여 "basic.bdf" 또는 "basic.v" 파일을 추가한다.

⑤ Processing → Start Compilation 메뉴를 이용하여 회로를 컴파일하고, 설계 오류를 수정한다.

⑥ Assignments → Assignment Editor 메뉴를 클릭하고 Pin 카테고리를 선택한 후, 다음 페이지에 있는 내용으로 Pin 번호를 할당하고 저장한다.

⑦ 다시 컴파일을 수행한다.

⑧ File → New 메뉴로부터 Other Files 탭의 Vector Waveform File을 선택하여 시뮬레이션 입력파형을 생성한 후, "basic.vwf"라는 이름으로 저장한다. 이때 Edit → End Time 메뉴를 눌러 시뮬레이션 Run time을 설정한다.

⑨ Processing → Start Simulation 메뉴를 클릭하여 시뮬레이션을 Run하고, 출력 파형의 동작을 검증한다.

⑩ USB Blaster를 이용하여 FPGA 실습보드를 PC USB 포트에 연결하고 전원을 넣는다.

⑪ Tools → Programmer를 이용하여 "basic.sof" 파일을 다운로드하고, 입력 스위치 및 7-Segment 표시기로 동작을 확인한다. 이때 실습보드의 RUN/PROG 스위치는 RUN으로 설정되어 있어야 한다.

## ⑧ 시뮬레이션 입출력파형

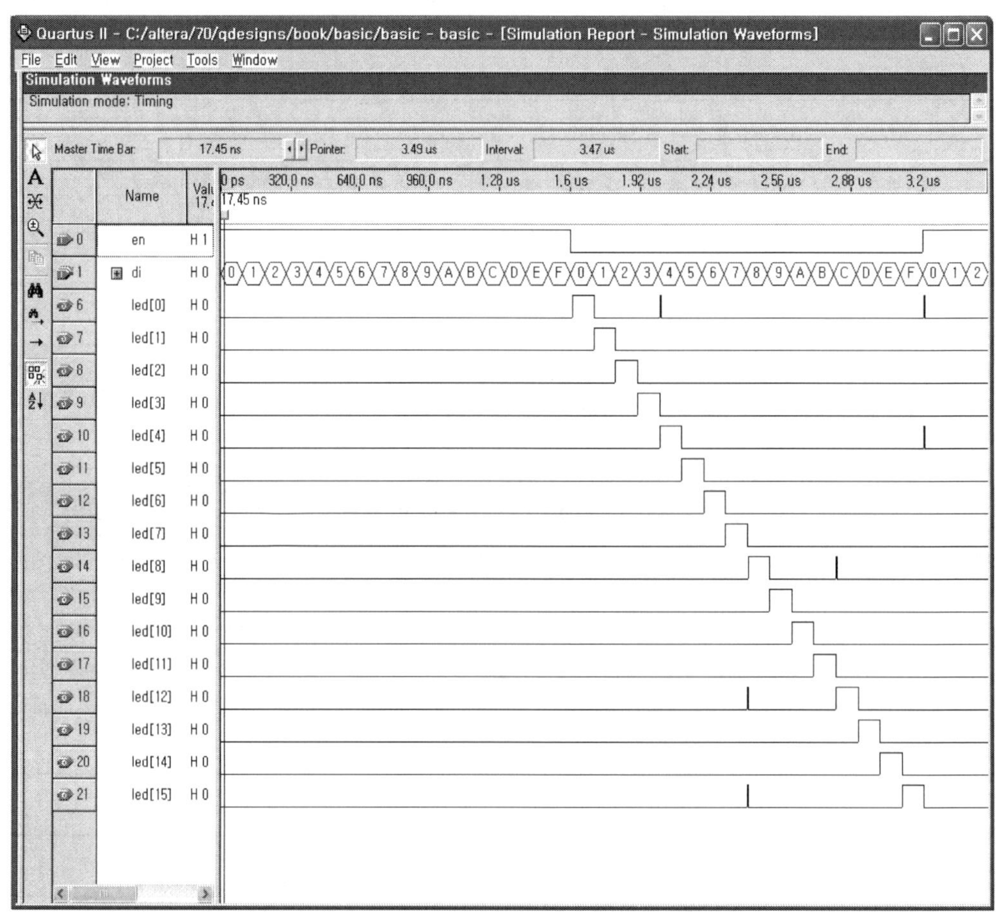

## ⑨ Pin 할당

| 신호명 | Pin 번호 | 입출력 |
|---|---|---|
| EN | PIN_G26 | input |
| DIN[0] | PIN_N25 | input |
| DIN[1] | PIN_N26 | input |
| DIN[2] | PIN_P25 | input |
| DIN[3] | PIN_AE14 | input |
| LED[0] | PIN_AE23 | output |
| LED[1] | PIN_AF23 | output |
| LED[2] | PIN_AB21 | output |
| LED[3] | PIN_AC22 | output |
| LED[4] | PIN_AD22 | output |
| LED[5] | PIN_AD23 | output |
| LED[6] | PIN_AD21 | output |
| LED[7] | PIN_AC21 | output |
| LED[8] | PIN_AA14 | output |
| LED[9] | PIN_Y13 | output |
| LED[10] | PIN_AA13 | output |
| LED[11] | PIN_AC14 | output |
| LED[12] | PIN_AD15 | output |
| LED[13] | PIN_AE15 | output |
| LED[14] | PIN_AF13 | output |
| LED[15] | PIN_AE13 | output |

## ⑩ 연습문제

다음과 같은 기능을 수행하는 회로를 설계하라.

- 18개의 토글 스위치가 각각 High일 때 적색 LED가 ON하는 회로

실습 6

# 7-Segment 디코더

❶ 실습목표

❷ 실습 준비물

❸ 사용 디바이스

❹ 동작 원리

❺ 회로도

❻ Verilog HDL 프로그램

❼ 실습 절차

❽ 시뮬레이션 입출력파형

❾ Pin 할당

❿ 연습문제

# 06    7-Segment 디코더

본 실습에서는 4-bit의 10진수 데이터를 7-세그먼트 표시기로 표현하기 위해 사용되는 7-세그먼트 디코더(Decoder) 회로를 설계하고 시뮬레이션을 통하여 회로의 동작을 검증한 후, FPGA로 구현해 보도록 한다.

## ① 실습 목표

- 7-Segment 디코더의 논리적 이론을 배운다.
- 7-Segment 디코더 회로의 구성과 설계방법을 익힌다.
- 시뮬레이션을 통하여 7-Segment 디코더 회로의 동작원리를 파악한다.
- FPGA 실습키트에 7-Segment 디코더를 구현하고 동작을 확인한다.

## ② 실습 준비물

- Altera의 Quartus Ⅱ 설계도구
- Altera의 DE2 FPGA 실습보드
- USB Blaster

## ③ 사용 디바이스

- FPGA 종류 : Cyclone Ⅱ 계열의 EP2C35F672C6
- 데이터 입력장치 : Toggle 스위치
- 출력 표시장치 : 7-Segment 표시기

## ④ 동작 원리

각종 디지털 표시장치에서 숫자를 나타내기 위하여 LED(Light Emitting Diode)를 이용한 7−세그먼트 표시기가 많이 사용된다. 7−세그먼트 표시기는 각 Segment마다 1개의 LED를 사용하여 7개의 Segment 조합으로 1개의 숫자를 표시한다. 7−세그먼트 디코더는 4−bit 데이터를 입력받아 해당하는 1개의 16진 숫자(0 ~ F)를 표시할 수 있도록 7−세그먼트(a, b, c, d, e, f, g)의 출력라인을 디코딩하며, 또한 dot를 표현하기 위하여 하나의 세그먼트(h)를 사용한다.

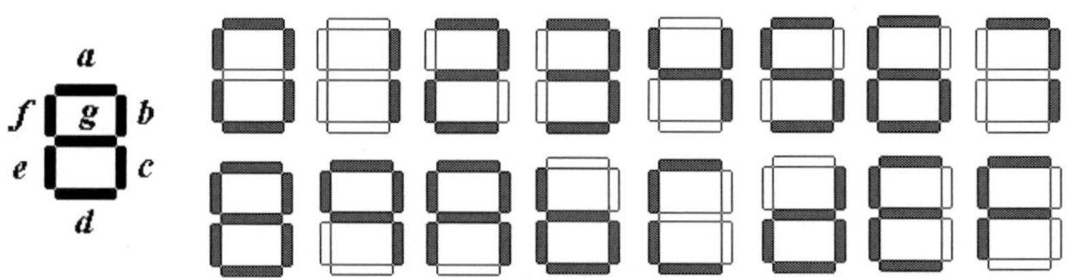

**7-segment의 16진수 표현**

아래의 표는 대표적인 7−세그먼트 디코더의 입출력 진리표를 보여준다.

| 입 력 | | | | 출 력 | | | | | | | 비고 |
|:---:|:---:|:---:|:---:|:---:|:---:|:---:|:---:|:---:|:---:|:---:|:---:|
| D3 | D2 | D1 | D0 | a | b | c | d | e | f | g | |
| 0 | 0 | 0 | 0 | 1 | 1 | 1 | 1 | 1 | 1 | 0 | 0 |
| 0 | 0 | 0 | 1 | 0 | 1 | 1 | 0 | 0 | 0 | 0 | 1 |
| 0 | 0 | 1 | 0 | 1 | 1 | 0 | 1 | 1 | 0 | 1 | 2 |
| 0 | 0 | 1 | 1 | 1 | 1 | 1 | 1 | 0 | 0 | 1 | 3 |
| 0 | 1 | 0 | 0 | 0 | 1 | 1 | 0 | 0 | 1 | 1 | 4 |
| 0 | 1 | 0 | 1 | 1 | 0 | 1 | 1 | 0 | 1 | 1 | 5 |
| 0 | 1 | 1 | 0 | 1 | 0 | 1 | 1 | 1 | 1 | 1 | 6 |
| 0 | 1 | 1 | 1 | 1 | 1 | 1 | 0 | 0 | 1 | 0 | 7 |
| 1 | 0 | 0 | 0 | 1 | 1 | 1 | 1 | 1 | 1 | 1 | 8 |
| 1 | 0 | 0 | 1 | 1 | 1 | 1 | 1 | 0 | 1 | 1 | 9 |
| 1 | 0 | 1 | 0 | 1 | 1 | 1 | 0 | 1 | 1 | 1 | A |
| 1 | 0 | 1 | 1 | 0 | 0 | 1 | 1 | 1 | 1 | 1 | B |
| 1 | 1 | 0 | 0 | 1 | 0 | 0 | 1 | 1 | 1 | 0 | C |
| 1 | 1 | 0 | 1 | 0 | 1 | 1 | 1 | 1 | 0 | 1 | D |
| 1 | 1 | 1 | 0 | 1 | 0 | 0 | 1 | 1 | 1 | 1 | E |
| 1 | 1 | 1 | 1 | 1 | 0 | 0 | 0 | 1 | 1 | 1 | F |

여기서 D0~D3는 4-bit 입력신호로써 D0가 LSB이고 D3가 MSB이다. 이 4-bit 입력은 16진수 한 자릿수를 표현하며, 표현의 구분을 명확하게 하기 위하여 숫자 B(11)는 소문자 b 모양으로 표현하고, 숫자 D(13)는 소문자 d 모양으로 표현한다. 진리표에서 볼 수 있는 바와 같이 보통 점등(1)되는 세그먼트보다 소등(0)되는 세그먼트의 수가 더 적다. 따라서 소등 세그먼트를 기반으로 논리식을 구하는 것이 더 간략화된 표현식을 구할 수 있다. 또한 본 보드의 7-Segment는 Active Low 타입으로써 각 세그먼트가 0일 때 점등되고 1이면 소등된다. 따라서 논리식은 다음과 같이 진리표의 출력과 반대값을 사용하여 구해야 한다.

$$a = \overline{D3}\,\overline{D1}(D2 \oplus D0) + D3\,D0(D2 \oplus D1)$$

$$b = \overline{D3}\,D2(D1 \oplus D0) + D2\,D1\overline{D0} + D3D1D0 + D3D2\overline{D0} + D3D2D1$$

$$c = \overline{(D3 \oplus D2)}D1\overline{D0} + D3D2\overline{D0} + D3D2D1$$

$$d = \overline{D3}\,\overline{D1}(D2 \oplus D0) + D3D1\overline{(D2 \oplus D0)} + D2D1D0$$

$$e = \overline{D2}\,\overline{D1}D0 + \overline{D3D2\overline{D1}} + \overline{D3}D0$$

$$f = \overline{D3}\,\overline{D2}(D1 + D0) + \overline{(D3 \oplus D2)}\,\overline{D1}D0$$

$$g = \overline{D3}\,\overline{D2}\,\overline{D1} + \overline{D3}D0\overline{(D2 \oplus D1)} + \overline{(D3 \oplus D2)}\,\overline{D1}\,\overline{D0}$$

## ⑤ 회로도

- 파일명 : segment.bdf

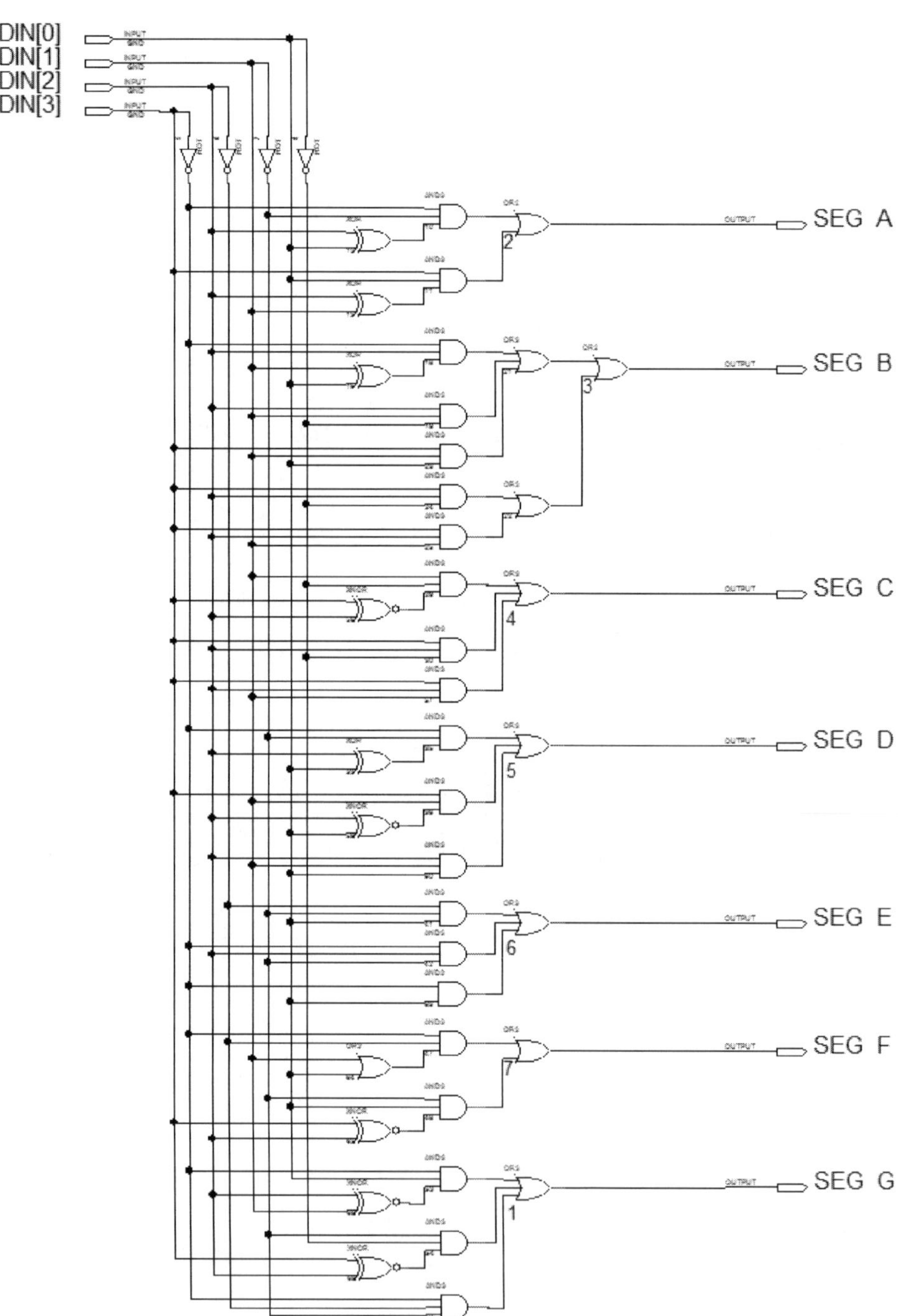

## ⑥ Verilog HDL 프로그램

- 파일명 : segment.v

```verilog
module segment(DIN, SEG_A, SEG_B, SEG_C, SEG_D, SEG_E, SEG_F, SEG_G);
        input       [3:0]    DIN;
        output               SEG_A, SEG_B, SEG_C, SEG_D, SEG_E, SEG_F, SEG_G;

        reg         [6:0]    SEG;

        always @(DIN)
        begin
                case(DIN)
                        0 : SEG = 7'b1111110;
                        1 : SEG = 7'b0110000;
                        2 : SEG = 7'b1101101;
                        3 : SEG = 7'b1111001;
                        4 : SEG = 7'b0110011;
                        5 : SEG = 7'b1011011;
                        6 : SEG = 7'b1011111;
                        7 : SEG = 7'b1110010;
                        8 : SEG = 7'b1111111;
                        9 : SEG = 7'b1111011;
                        10 : SEG = 7'b1110111;
                        11 : SEG = 7'b0011111;
                        12 : SEG = 7'b1001110;
                        13 : SEG = 7'b0111101;
                        14 : SEG = 7'b1001111;
                        15 : SEG = 7'b1000111;
                        default : SEG = 7'b0000000;
                endcase
        end
```

```verilog
        assign    SEG_A = ~SEG[6];              // active low
        assign    SEG_B = ~SEG[5];
        assign    SEG_C = ~SEG[4];
        assign    SEG_D = ~SEG[3];
        assign    SEG_E = ~SEG[2];
        assign    SEG_F = ~SEG[1];
        assign    SEG_G = ~SEG[0];


    endmodule
```

## ⑦ 실습 절차

실습은 7-Segment 디코더 회로를 설계하고 시뮬레이션한 후, FPGA 실습보드의 토글 스위치와 7-Segment 표시기를 통해서 입출력을 확인하도록 한다.

① File → New Project Wizard 메뉴에서 "segment"라는 이름을 사용하여 새로운 프로젝트를 생성한다.

② 이때 Device는 Cyclone Ⅱ 패밀리의 "EP2C35F672C6" 디바이스를 설정한다.

③ File → New 메뉴로부터 회로 편집기인 Schematic File을 열고 회로를 입력한 후, "segment.bdf"라는 이름으로 저장한다. 또는 File → New 메뉴로부터 문서 편집기인 Verilog HDL File을 열고 Verilog HDL 프로그램을 작성한 후, "segment.v"라는 이름으로 저장한다.

④ Project → Add Files in Project 메뉴를 이용하여 "segment.bdf" 또는 "segment.v" 파일을 추가한다.

⑤ Processing → Start Compilation 메뉴를 이용하여 회로를 컴파일하고, 설계 오류를 수정한다.

⑥ Assignments → Assignment Editor 메뉴를 클릭하고 Pin 카테고리를 선택한 후, 다음 페이지에 있는 내용으로 Pin 번호를 할당하고 저장한다.

⑦ 다시 컴파일을 수행한다.

⑧ File → New 메뉴로부터 Other Files 탭의 Vector Waveform File을 선택하여 시뮬레이션 입

력파형을 생성한 후, "segment.vwf"라는 이름으로 저장한다. 이때 Edit → End Time 메뉴를 눌러 시뮬레이션 Run time을 설정한다.

⑨ Processing → Start Simulation 메뉴를 클릭하여 시뮬레이션을 Run하고, 출력 파형의 동작을 검증한다.

⑩ USB Blaster를 이용하여 FPGA 실습보드를 PC USB 포트에 연결하고 전원을 넣는다.

⑪ Tools → Programmer를 이용하여 "segment.sof" 파일을 다운로드하고, 입력 스위치 및 7-Segment 표시기로 동작을 확인한다. 이때 실습보드의 RUN/PROG 스위치는 RUN으로 설정되어 있어야 한다.

## ⑧ 시뮬레이션 입출력파형

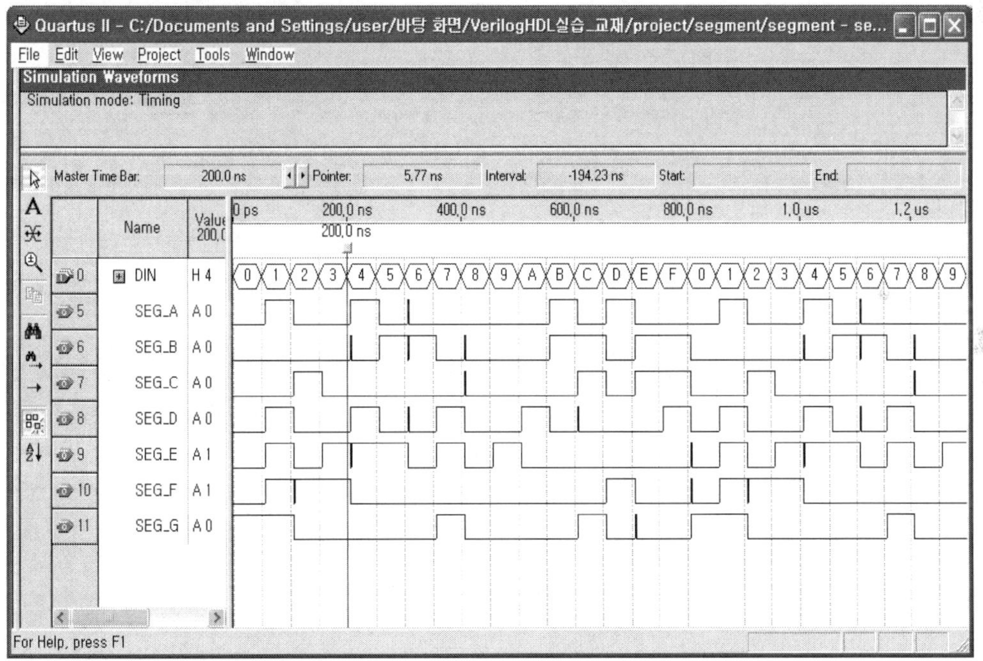

## ⑨ Pin 할당

| 신호명 | Pin 번호 | 입출력 |
|---|---|---|
| DIN[0] | PIN_N25 | input |
| DIN[1] | PIN_N26 | input |
| DIN[2] | PIN_P25 | input |
| DIN[3] | PIN_AE14 | input |
| SEG_A | PIN_AF10 | output |
| SEG_B | PIN_AB12 | output |
| SEG_C | PIN_AC12 | output |
| SEG_D | PIN_AD11 | output |
| SEG_E | PIN_AE11 | output |
| SEG_F | PIN_V14 | output |
| SEG_G | PIN_V13 | output |

## ⑩ 연습문제

다음과 같은 기능을 수행하는 회로를 설계하라.

• 논리식으로 표현한 7-Segment 디코더의 Verilog HDL 회로를 설계

실습 7

# 다중화기/역다중화기

# 07 다중화기 / 역다중화기

본 실습에서는 다수의 입력 신호를 다중화하여 하나의 출력 신호로 내보내는 다중화기(Multiplexer)와 하나의 입력 신호로부터 다수의 출력 신호를 분리해내는 역다중화기(Demultiplexer)의 논리적 이론을 학습하고, 그 기능을 회로설계 도구와 FPGA 실습보드를 사용하여 실습한다.

## ① 실습 목표

- 다중화기 및 역다중화기의 논리적 이론을 배운다.
- 다중화기 및 역다중화기 회로의 구성과 설계방법을 익힌다.
- 시뮬레이션을 통하여 회로의 동작원리를 파악한다.
- FPGA 실습보드에 회로를 구현하고 동작을 확인한다.

## ② 실습 준비물

- Altera의 Quartus Ⅱ 설계도구
- Altera의 DE2 FPGA 실습보드
- USB Blaster

## ③ 사용 디바이스

- FPGA 종류 : Cyclone Ⅱ 계열의 EP2C35F672C6
- 데이터 입력장치 : Toggle 스위치
- 출력 표시장치 : LED 표시기

## ④ 동작 원리

다중화기(MUX)는 데이터 선택회로라고도 하며 여러 입력신호 중에서 1개를 선택하여 출력하는 디지털 스위치이다. 즉, N개의 입력 데이터 중에서 M개의 선택신호에 의해 선택된 1개의 신호만이 선택되어 하나의 출력단자로 출력된다. M개의 선택신호가 주어질 때 다중화될 수 있는 최대 입력신호의 수 N는 $2^M$ 개다. 이러한 다중화기는 하나의 전송선을 이용하여 원거리까지 다수의 정보를 전송할 때 사용된다.

4:1 다중화기 출력의 입출력 진리표는 다음과 같다.

| 입력 | 선택 | | 출력 |
|---|---|---|---|
| | $S_1$ | S0 | do |
| | 0 | 0 | $y_0$ |
| $y_3 \sim y_0$ | 0 | 1 | $y_1$ |
| | 1 | 0 | $y_2$ |
| | 1 | 1 | $y_3$ |

여기서 $y_0$부터 $y_3$까지는 다중화되는 입력 데이터이며, $S_0$, $S_1$는 선택신호를 나타낸다. 입력 선택신호 $S_0$, $S_1$의 값에 따라서 입력신호 $y_0 \sim y_3$ 중 하나의 신호가 출력으로 출력된다.

다중화기의 입출력 신호에 대한 논리식은 다음과 같이 표현된다.

$$do = \overline{S0}\,\overline{S1}\,y1 + S0\overline{S1}\,y1 + \overline{S0}S1\,y2 + S0S1\,y3$$

역다중화기(DEMUX)는 데이터 분배회로라고도 하며 하나의 입력신호로부터 다수의 출력신호를 분리해내는 디지털 스위치이다. 1개의 입력신호로 N개의 데이터가 직렬로 입력하게 되며, M개의 선택신호에 의해 N개의 출력단자 중 선택된 하나의 단자로 데이터를 출력하게 된다. 따라서 M개의 입력 선택신호가 주어질 때 역다중화될 수 있는 최대의 출력신호의 수 N은 $2^M$ 개가 된다.

1:4 역다중화기의 입출력 진리표는 아래와 같다.

| 입력 | 선택 | | 출력 | | | |
|---|---|---|---|---|---|---|
| | $S_1$ | $S_0$ | $y_3$ | $y_2$ | $y_1$ | $y_0$ |
| di | 0 | 0 | 0 | 0 | 0 | di |
| | 0 | 1 | 0 | 0 | di | 0 |
| | 1 | 0 | 0 | di | 0 | 0 |
| | 1 | 1 | di | 0 | 0 | 0 |

여기서 $S_0$, $S_1$은 각각 하위와 상위를 나타내는 역다중화기의 2Bit 입력 선택신호를 나타낸다. $S_0$, $S_1$의 논리 선택값에 따라 병렬출력 중에 하나가 선택되어 입력신호를 출력하게 된다.

역다중화기의 4개 출력에 대한 논리식은 각각 다음과 같이 표현된다.

$$y0 \; = \; \overline{S0}\ \overline{S1}\, di$$

$$y1 \; = \; S0\overline{S1}\, di$$

$$y2 \; = \; \overline{S0}S1\, di$$

$$y3 \; = \; S0S1\, di$$

## ⑤ 회로도

- 파일명 : mux.bdf

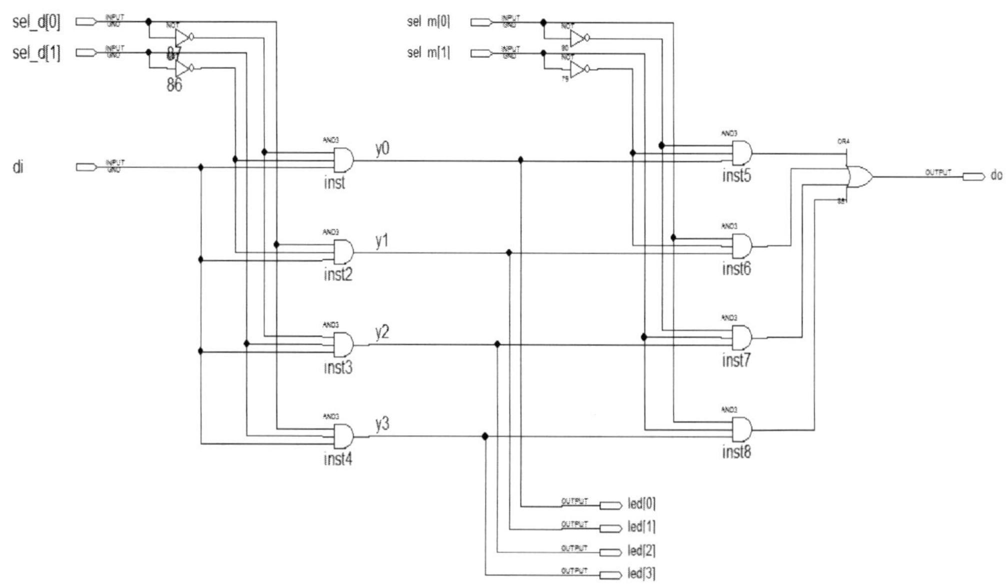

## ⑥ Verilog HDL 프로그램

- 파일명 : mux.v

```verilog
module mux(DIN, SEL_M, SEL_D, DOUT, LED);
        input                       DIN;
        input           [1:0]       SEL_M, SEL_D;
        output    reg               DOUT;
        output          [3:0]       LED;


        reg       [3:0]     Y;


// demux
        always @(DIN or SEL_D)
        begin
```

```verilog
            if (SEL_D == 2'b00)
                    begin
                    Y[0] = DIN;
                    Y[1] = 1'b0;
                    Y[2] = 1'b0;
                    Y[3] = 1'b0;
                    end
            else if (SEL_D == 2'b01)
                    begin
                    Y[0] = 1'b0;
                    Y[1] = DIN;
                    Y[2] = 1'b0;
                    Y[3] = 1'b0;
                    end
            else if (SEL_D == 2'b10)
                    begin
                    Y[0] = 1'b0;
                    Y[1] = 1'b0;
                    Y[2] = DIN;
                    Y[3] = 1'b0;
                    end
            else if (SEL_D == 2'b11)
                    begin
                    Y[0] = 1'b0;
                    Y[1] = 1'b0;
                    Y[2] = 1'b0;
                    Y[3] = DIN;
                    end
            else
                    Y = 4'b0000;
    end

assign    LED = Y;
```

```
// mux
      always @(Y or SEL_M)
      begin
              if (SEL_M == 2'b00)
                      DOUT = Y[0];
              else if (SEL_M == 2'b01)
                      DOUT = Y[1];
              else if (SEL_M == 2'b10)
                      DOUT = Y[2];
              else if (SEL_M == 2'b11)
                      DOUT = Y[3];
              else
                      DOUT = 1'b0;
      end

endmodule
```

## ⑦ 실습 절차

실습은 4:1 다중화기 및 1:4 역다중화기 회로를 설계하고 시뮬레이션한 후, FPGA 실습보드의 토글 스위치와 LED 표시기를 통해 입출력 결과를 확인한다.

① File → New Project Wizard 메뉴에서 "mux"라는 이름을 사용하여 새로운 프로젝트를 생성한다.

② 이때 Device는 Cyclone Ⅱ 패밀리의 "EP2C35F672C6" 디바이스를 설정한다.

③ File → New 메뉴로부터 회로 편집기인 Schematic File을 열고 회로를 입력한 후, "mux.bdf"라는 이름으로 저장한다. 또는 File → New 메뉴로부터 문서 편집기인 Verilog HDL File을 열고 Verilog HDL 프로그램을 작성한 후, "mux.v"라는 이름으로 저장한다.

④ Project → Add Files in Project 메뉴를 이용하여 "mux.bdf" 또는 "mux.v" 파일을 추가한다.

⑤ Processing → Start Compilation 메뉴를 이용하여 회로를 컴파일하고, 설계 오류를 수정한다.

⑥ Assignments → Assignment Editor 메뉴를 클릭하고 Pin 카테고리를 선택한 후, 다음 페이지에 있는 내용으로 Pin 번호를 할당하고 저장한다.

⑦ 다시 컴파일을 수행한다.

⑧ File → New 메뉴로부터 Other Files 탭의 Vector Waveform File을 선택하여 시뮬레이션 입력파형을 생성한 후, "mux.vwf"라는 이름으로 저장한다. 이때 Edit → End Time 메뉴를 눌러 시뮬레이션 Run time을 설정한다.

⑨ Processing → Start Simulation 메뉴를 클릭하여 시뮬레이션을 Run하고, 출력 파형의 동작을 검증한다.

⑩ USB Blaster를 이용하여 FPGA 실습보드를 PC USB 포트에 연결하고 전원을 넣는다.

⑪ Tools→Programmer를 이용하여 "mux.sof" 파일을 다운로드하고, 입력 스위치 및 7-Segment 표시기로 동작을 확인한다. 이때 실습보드의 RUN/PROG 스위치는 RUN으로 설정되어 있어야 한다.

## ⑧ 시뮬레이션 입출력파형

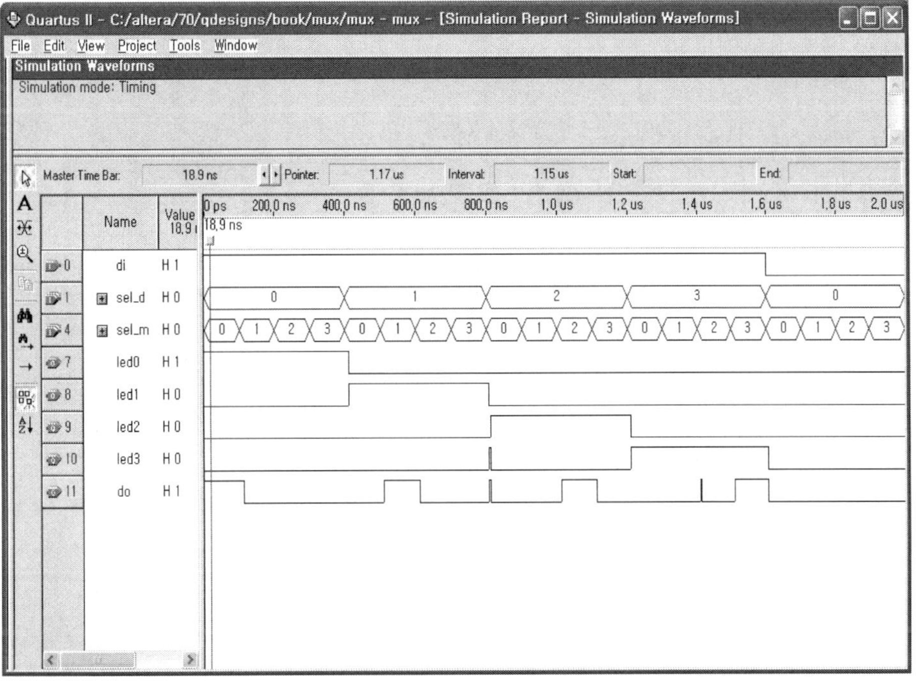

⑨ Pin 할당

| 신호명 | Pin 번호 | 입출력 |
|---|---|---|
| DIN | PIN_N25 | input |
| SEL_D[0] | PIN_N26 | input |
| SEL_D[1] | PIN_P25 | input |
| SEL_M[0] | PIN_AE14 | input |
| SEL_M[1] | PIN_AF14 | input |
| DOUT | PIN_AE22 | output |
| LED[0] | PIN_AE23 | output |
| LED[1] | PIN_AF23 | output |
| LED[2] | PIN_AB21 | output |
| LED[3] | PIN_AC22 | output |

⑩ 연습문제

다음과 같은 기능을 수행하는 회로를 설계하라.

- Schematic 방식으로 8:1 다중화기 회로를 설계
- Verilog HDL 방식으로 1:8 역다중화기 회로를 설계

실습 8



# 가감산기

# 08 가감산기

본 실습에서는 디지털 회로에서 많이 사용되는 조합논리회로인 가감산기(Adder/ Subtracter)의 원리와 회로설계 및 구현에 대해서 살펴본다.

## ① 실습 목표

- 가산기 및 감산기의 논리적 이론을 배운다.
- 4-bit 가감산기 회로의 구성과 설계방법을 익힌다.
- 시뮬레이션을 통하여 가감산기 회로의 동작원리를 파악한다.
- FPGA 실습보드에 가감산기를 구현하고 동작을 확인한다.

## ② 실습 준비물

- Altera의 Quartus Ⅱ 설계도구
- Altera의 DE2 FPGA 실습보드
- USB Blaster

## ③ 사용 디바이스

- FPGA 종류 : Cyclone Ⅱ 계열의 EP2C35F672C6
- 데이터 입력장치 : Toggle 스위치, Pushbutton 스위치
- 출력 표시장치 : 7-Segment 표시기

## ④ 동작 원리

가산기는 2개의 2진(Binary) 값을 입력으로 받아 덧셈한 후 출력값을 보여주는 회로이며, 감산기는 2개의 2진 값을 뺄셈한 후 출력값을 보여주는 회로이다. 회로는 전가산기 회로를 기반으로 하여 가산기와 감산기를 구현한다. 전가산기(Full Adder)는 2자리 이상의 2진 비트 2개를 가산할 때 발생하는 자리 올림수(Carry)를 상위 비트에서 처리할 수 있도록 한 회로이다. 따라서 전가산기는 하위 비트에서 발생하는 자리 올림수를 고려하여 3개의 입력단자를 사용한다. 전가산기에 대한 진리표를 표현하면 아래와 같다.

| 입 력 | 출 력 | 비고 |
|---|---|---|
| A  B  Ci | S  Co | |
| 0  0  0 | 0  0 | 0 |
| 0  0  1 | 1  0 | 1 |
| 0  1  0 | 1  0 | 1 |
| 0  1  1 | 0  1 | 2 |
| 1  0  0 | 1  0 | 1 |
| 1  0  1 | 0  1 | 2 |
| 1  1  0 | 0  1 | 2 |
| 1  1  1 | 1  1 | 3 |

다음으로 전가산기에 대한 논리식을 작성하면 아래와 같다.

$$S = \overline{A}\,\overline{B}C_i + \overline{A}B\overline{C_i} + A\,\overline{B}\,\overline{C_i} + ABC_i = A \oplus B \oplus C_i$$

$$C_o = \overline{A}BC_i + A\overline{B}C_i + AB\overline{C_i} + ABC_i = (A \oplus B)C_i + AB$$

위의 두 식을 논리회로로 표현하면 1-bit 전가산기 회로를 만들 수 있다.

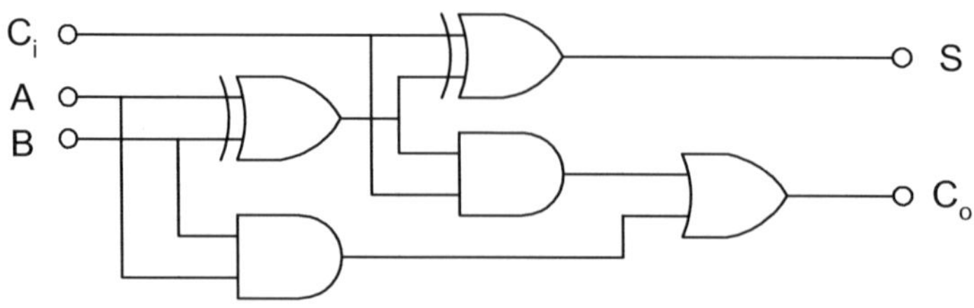

4-bit 가산기는 1-bit 가산기의 심볼을 만들고 이 심볼을 4개 직렬로 연결하여 설계한다.

감산기(Subtracter)는 가산기를 활용하여 $5 - 3 = 2$의 계산을 $5 + (-3) = 2$와 같은 방식으로 계산한다. 즉, $(-)$ 기호를 이용하여 수의 부호를 반대로 바꾼 후 덧셈을 한다. 또는 빼는 수에 대해 2의 보수를 구하여 더해주면 된다. 임의의 수에 대한 2의 보수로의 변환은 각 비트를 역으로 바꾼 후 '1'을 더해주면 된다. 따라서 빼는 수의 입력을 NOT 게이트를 사용하여 반대 비트로 바꾸고 최하위 비트의 Carry 입력으로 '1'을 넣어주면 감산 결과를 얻을 수 있다. 이러한 방법으로 감산을 함으로서 별도의 감산기 회로를 설계하지 않고 이미 설계한 가산기에 약간의 회로만 부가하면 감산기능을 수행할 수 있다. 즉 하나의 회로를 사용하여 가산 및 감산기능을 모두 수행할 수 있는 잇점이 있다.

감산기능은 다음과 같은 논리식으로 표현된다.

$$Y = A - B = A3A2A1A0 + \overline{B3}\ \overline{B2}\ \overline{B1}\ \overline{B0} + 1$$

## ⑤ 회로도

• 파일명 : adder.bdf

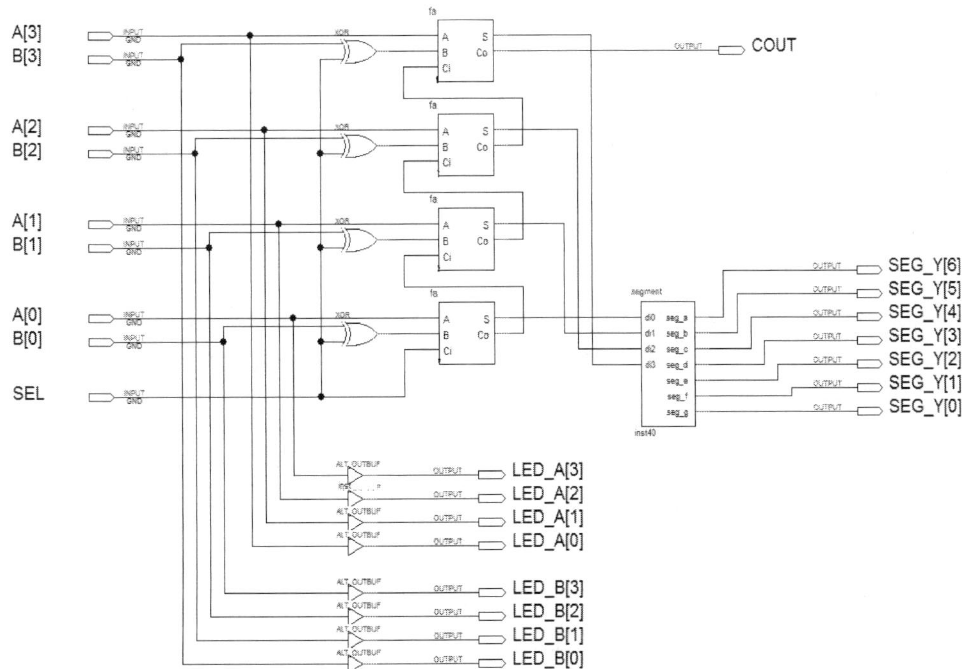

## ⑥ Verilog HDL 프로그램

• 파일명 : adder.v

```verilog
module adder(A, B, SEL, LED_A, LED_B, SEG_Y, COUT);
        input      [3:0]     A, B;
        input                SEL;
        output     [3:0]     LED_A, LED_B;
        output     [6:0]     SEG_Y;
        output               COUT;


        wire       [3:0]     BUF_A, BIN, S, CARRY;

        segment u0 (.DIN(S), .SEG_A(SEG_Y[6]), .SEG_B(SEG_Y[5]),
                .SEG_C(SEG_Y[4]), .SEG_D(SEG_Y[3]), .SEG_E(SEG_Y[2]),
                .SEG_F(SEG_Y[1]), .SEG_G(SEG_Y[0]) );

        buf(BUF_A[0], A[0]);
        buf(BUF_A[1], A[1]);
        buf(BUF_A[2], A[2]);
        buf(BUF_A[3], A[3]);

        assign    BIN[0] = B[0] ^ SEL;
        assign    BIN[1] = B[1] ^ SEL;
        assign    BIN[2] = B[2] ^ SEL;
        assign    BIN[3] = B[3] ^ SEL;

        fadd u1 (BUF_A[0], BIN[0], SEL, S[0], CARRY[0]);
        fadd u2 (BUF_A[1], BIN[1], CARRY[0], S[1], CARRY[1]);
        fadd u3 (BUF_A[2], BIN[2], CARRY[1], S[2], CARRY[2]);
        fadd u4 (BUF_A[3], BIN[3], CARRY[2], S[3], CARRY[3]);

        assign    COUT = CARRY[3];
```

```
        buf(LED_A[0], A[0]);
        buf(LED_A[1], A[1]);
        buf(LED_A[2], A[2]);
        buf(LED_A[3], A[3]);
        buf(LED_B[0], B[0]);
        buf(LED_B[1], B[1]);
        buf(LED_B[2], B[2]);
        buf(LED_B[3], B[3]);
endmodule


//////////   1-bit Full Adder   //////////
module fadd(AIN, BIN, CIN, SUM, COUT);
        input      AIN, BIN, CIN;
        output     SUM, COUT;

        assign SUM = AIN ^ BIN ^ CIN;
        assign COUT = (AIN & BIN) | ((AIN ^ BIN) & CIN);
endmodule
```

## ⑦ 실습 절차

실습은 4-bit 가감가산기 회로를 설계하고 시뮬레이션한 후, FPGA 실습보드의 토글 스위치와 푸쉬버튼 스위치 및 7-Segment 표시기를 통해 입출력 결과를 확인한다.

① File → New Project Wizard 메뉴에서 "adder"라는 이름을 사용하여 새로운 프로젝트를 생성한다.

② 이때 Device는 Cyclone Ⅱ 패밀리의 "EP2C35F672C6" 디바이스를 설정한다.

③ File→New 메뉴로부터 회로 편집기인 Schematic File을 열고 회로를 입력한 후, "adder.bdf"라는 이름으로 저장한다. 또는 File → New 메뉴로부터 문서 편집기인 Verilog HDL File을 열고 Verilog HDL 프로그램을 작성한 후, "adder.v"라는 이름으로 저장한다.

④ Project → Add Files in Project 메뉴를 이용하여 "adder.bdf" 또는 "adder.v" 파일을 추가한다.

⑤ Processing → Start Compilation 메뉴를 이용하여 회로를 컴파일하고, 설계 오류를 수정한다.

⑥ Assignments → Assignment Editor 메뉴를 클릭하고 Pin 카테고리를 선택한 후, 다음 페이지에 있는 내용으로 Pin 번호를 할당하고 저장한다.

⑦ 다시 컴파일을 수행한다.

⑧ File → New 메뉴로부터 Other Files 탭의 Vector Waveform File을 선택하여 시뮬레이션 입력파형을 생성한 후, "adder.vwf"라는 이름으로 저장한다. 이때 Edit → End Time 메뉴를 눌러 시뮬레이션 Run time을 설정한다.

⑨ Processing → Start Simulation 메뉴를 클릭하여 시뮬레이션을 Run하고, 출력 파형의 동작을 검증한다.

⑩ USB Blaster를 이용하여 FPGA 실습보드를 PC USB 포트에 연결하고 전원을 넣는다.

⑪ Tools→Programmer를 이용하여 "adder.sof" 파일을 다운로드하고, 입력 스위치 및 7-Segment 표시기로 동작을 확인한다. 이때 실습보드의 RUN/PROG 스위치는 RUN으로 설정되어 있어야 한다.

## ⑧ 시뮬레이션 입출력파형

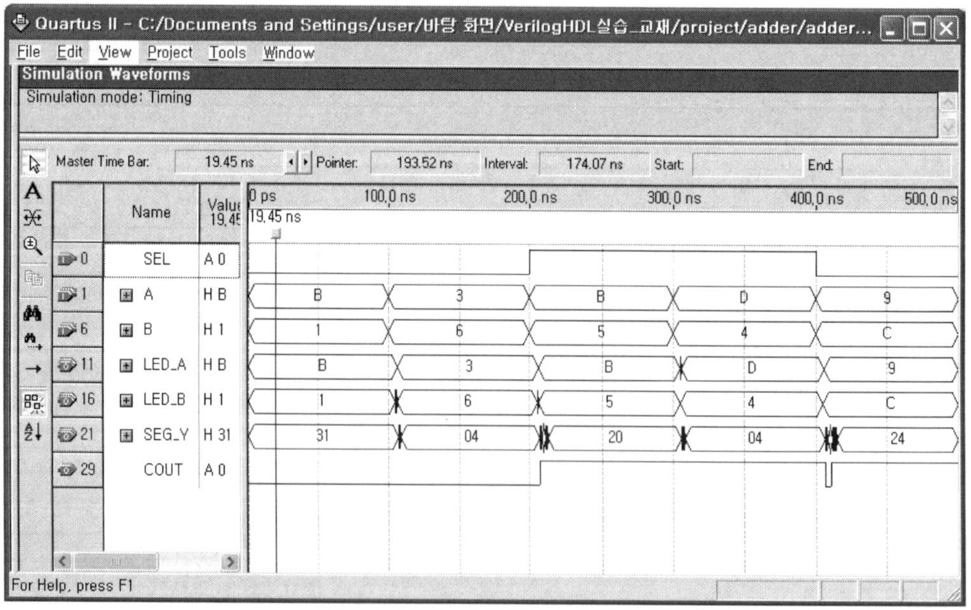

## ⑨ Pin 할당

| 신호명 | Pin 번호 | 입출력 |
| --- | --- | --- |
| SEL | PIN_V2 | input |
| A[0] | PIN_AF14 | input |
| A[1] | PIN_AD13 | input |
| A[2] | PIN_AC13 | input |
| A[3] | PIN_C13 | input |
| B[0] | PIN_N25 | input |
| B[1] | PIN_N26 | input |
| B[2] | PIN_P25 | input |
| B[3] | PIN_AE14 | input |
| LED_A[3] | PIN_AC22 | output |
| LED_A[2] | PIN_AB21 | output |
| LED_A[1] | PIN_AF23 | output |
| LED_A[0] | PIN_AE23 | output |
| LED_B[3] | PIN_V18 | output |
| LED_B[2] | PIN_W19 | output |
| LED_B[1] | PIN_AF22 | output |
| LED_B[0] | PIN_AE22 | output |
| SEG_Y[6] | PIN_AF10 | output |
| SEG_Y[5] | PIN_AB12 | output |
| SEG_Y[4] | PIN_AC12 | output |
| SEG_Y[3] | PIN_AD11 | output |
| SEG_Y[2] | PIN_AE11 | output |
| SEG_Y[1] | PIN_V14 | output |
| SEG_Y[0] | PIN_V13 | output |
| COUT | PIN_AD12 | output |

## ① 연습문제

다음과 같은 기능을 수행하는 회로를 설계하라.

- 두 입력 숫자도 7-segment로 표시하는 가산기 회로
- Verilog HDL을 이용한 8-bit 가감산기 회로

실습 9

# 카운터

# 09 카운터

동기식 카운터(counter)의 원리와 회로 구성 및 동작에 대하여 알아보도록 한다.

## ① 실습 목표

- 동기식 카운터의 논리적 이론을 배운다.
- 10진 동기식 카운터 회로의 구성과 설계방법을 익힌다.
- 시뮬레이션을 통하여 카운터 회로의 동작원리를 파악한다.
- FPGA 실습보드에 카운터를 구현하고 동작을 확인한다.

## ② 실습 준비물

- Altera의 Quartus Ⅱ 설계도구
- Altera의 DE2 FPGA 실습보드
- USB Blaster

## ③ 사용 디바이스

- FPGA 종류 : Cyclone Ⅱ 계열의 EP2C35F672C6
- 입력장치 : Pushbutton 스위치, Toggle 스위치
- 출력 표시장치 : 7-Segment 표시기

## ④ 동작 원리

카운터(Counter)란 미리 정해진 순서대로 수를 세는 계수기로서, 회로를 구성하는 플립플롭들이

미리 정해진 순서에 따라 상태가 천이되도록 설계한다. 이러한 카운터는 디지털 시계 등 여러 응용분야에 활용되고 있으며, 각 플립플롭에 공급되는 클록을 기준으로 동기식과 비동기식 카운터로 분류할 수 있다.

비동기식 카운터는 직렬형 카운터 또는 리플 카운터라고도 하며, 플립플롭들에 클록펄스가 동시에 인가되지 않고 하나의 플립플롭이 다른 플립플롭의 천이를 제공하는 형식으로 동작한다. 따라서 순차회로의 설계방법에 의한 설계보다는 플립플롭의 상태천이를 직관적으로 관찰하여 설계하는 방법이 널리 사용되고 있다. 리플 카운터는 직렬로 동작하는 구조이므로 각 플립플롭을 통과할 때마다 지연시간이 누적되어 고속 동작에는 적합하지 않다.

동기식 카운터는 병렬형 카운터라고도 하며, 클록펄스가 모든 플립플롭에 직접 연결되어 동시에 동작하므로 지연시간이 적고 고속 카운터로 사용된다.

2진수 4자리로 표현할 수 있는 수의 범위는 0에서 $15(2^4-1)$까지이다. 4-bit 동기식 2진 카운터는 0에서 15까지 셀 수 있는 16진 카운터를 의미한다. 여기서는 증가하는 순서로 0 ~ 9까지만 계수하는 4-bit 동기식 10진 카운터를 D Flip-Flop을 사용하여 설계한다.

4-bit 10진 카운터에 대한 진리표는 아래와 같다.

| 입력 | | | 출력 | | | | 비고 |
|---|---|---|---|---|---|---|---|
| CK | RES | EN | $y_3$ | $y_2$ | $y_1$ | $y_0$ | |
| × | 0 | × | 0 | 0 | 0 | 0 | 0 |
| × | 1 | 0 | $y_3$ | $y_2$ | $y_1$ | $y_0$ | 불변 |
| ↑ | 1 | 1 | 0 | 0 | 0 | 1 | 1 |
| ↑ | 1 | 1 | 0 | 0 | 1 | 0 | 2 |
| ↑ | 1 | 1 | 0 | 0 | 1 | 1 | 3 |
| ↑ | 1 | 1 | 0 | 1 | 0 | 0 | 4 |
| ↑ | 1 | 1 | 0 | 1 | 0 | 1 | 5 |
| ↑ | 1 | 1 | 0 | 1 | 1 | 0 | 6 |
| ↑ | 1 | 1 | 0 | 1 | 1 | 1 | 7 |
| ↑ | 1 | 1 | 1 | 0 | 0 | 0 | 8 |
| ↑ | 1 | 1 | 1 | 0 | 0 | 1 | 9 |
| ↑ | 1 | 1 | 0 | 0 | 0 | 0 | 0 |

위 진리표로부터 각 플립플롭에 대한 논리식을 표현하면 다음과 같다.

$$y0(n+1) = CK(n)\,RES(n)\,EN(n)\,\overline{y0}(n)$$

$$y1(n+1) = y0(n)\,RES(n)\,EN(n)\,\overline{y1}(n)$$

$$y2(n+1) = y1(n)\,RES(n)\,EN(n)\,\overline{y2}(n)$$

$$y3(n+1) = y2(n)\,RES(n)\,EN(n)\,\overline{y3}(n)$$

4-bit 카운터는 4개의 플립플롭 $y_0$, $y_1$, $y_2$, $y_3$를 사용하여 각 2진 자릿수를 표현한다. 이 회로에서 플립플롭의 Clear 입력으로 Low가 들어올 때 출력상태가 0으로 Reset된다. 동기식 카운터는 단순하므로 굳이 순차 논리회로의 설계과정을 따를 필요는 없다. 카운터의 동작을 관찰해 보면 가장 낮은 비트에 해당하는 플립플롭은 클록펄스가 인가될 때마다 상태가 역전된다. 그 외의 다른 플립플롭은 그보다 낮은 위치에 있는 모든 플립플롭들의 상태가 '1'이고 클록펄스가 인가될 때 상태가 역전이 된다. 이와 같이 동기식 카운터는 일정한 규칙에 의해 동작되므로 직관적인 방법에 의해 쉽게 설계할 수 있다.

## ⑤ 회로도

- 파일명 : counter.bdf

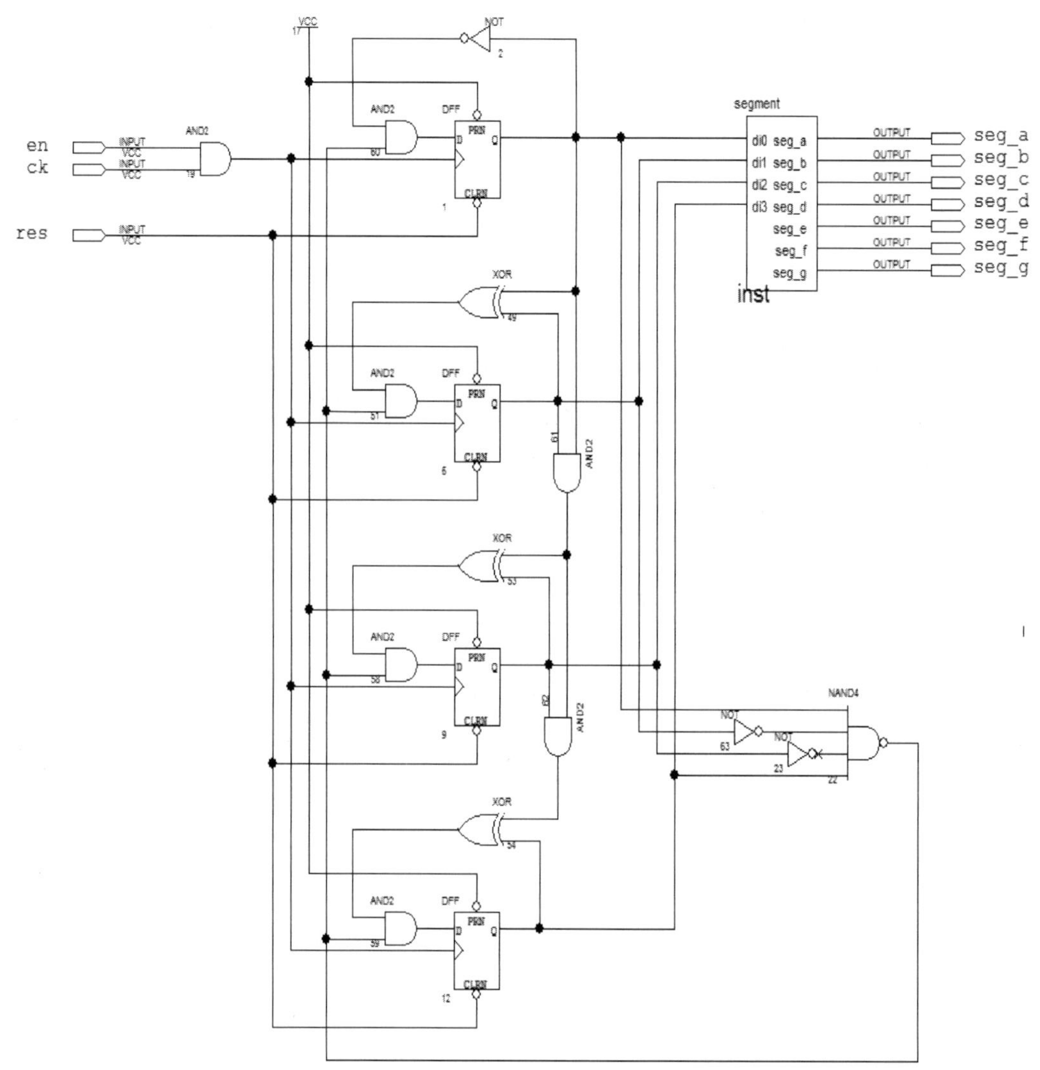

## ⑥ Verilog HDL 프로그램

• 파일명 : counter.v

```verilog
module counter(CK, RES, EN, SEG_A, SEG_B, SEG_C, SEG_D, SEG_E, SEG_F, SEG_G);
        input       CK, RES, EN;
        output      SEG_A, SEG_B, SEG_C, SEG_D, SEG_E, SEG_F, SEG_G;

        reg         [3:0]     Y;

        segment u1 (.DIN(Y), .SEG_A(SEG_A), .SEG_B(SEG_B), .SEG_C(SEG_C),
                .SEG_D(SEG_D), .SEG_E(SEG_E), .SEG_F(SEG_F), .SEG_G(SEG_G));

        always @(negedge RES or negedge CK)
        begin
                if (RES==1'b0)
                        Y <= 4'b0000;
                else
                        begin
                        if (EN==1'b1)
                                begin
                                if (Y==4'b1001)
                                        Y <= 4'b0000;
                                else
                                        begin
                                        Y[0] <= ~Y[0];
                                        if (Y[0]==1'b1)
                                                Y[1] <= ~Y[1];
                                        if (Y[1:0]==2'b11)
                                                Y[2] <= ~Y[2];
                                        if (Y[2:0]==3'b111)
                                                Y[3] <= ~Y[3];
                                        end
                                end
                        end
        end

endmodule
```

## ⑦ 실습 절차

실습은 10진 동기식 카운터 회로를 설계하고 시뮬레이션한 후, FPGA 실습보드의 7-Segment 표시기를 통해 출력을 확인한다.

① File → New Project Wizard 메뉴에서 "counter"라는 이름을 사용하여 새로운 프로젝트를 생성한다.

② 이때 Device는 Cyclone II 패밀리의 "EP2C35F672C6" 디바이스를 설정한다.

③ File→ New 메뉴로부터 회로 편집기인 Schematic File을 열고 회로를 입력한 후, "counter.bdf"라는 이름으로 저장한다. 또는 File → New 메뉴로부터 문서 편집기인 Verilog HDL File을 열고 Verilog HDL 프로그램을 작성한 후, "counter.v"라는 이름으로 저장한다.

④ Project → Add Files in Project 메뉴를 이용하여 "counter.bdf" 또는 "counter.v" 파일을 추가한다.

⑤ Processing → Start Compilation 메뉴를 이용하여 회로를 컴파일하고, 설계 오류를 수정한다.

⑥ Assignments → Assignment Editor 메뉴를 클릭하고 Pin 카테고리를 선택한 후, 다음 페이지에 있는 내용으로 Pin 번호를 할당하고 저장한다.

⑦ 다시 컴파일을 수행한다.

⑧ File → New 메뉴로부터 Other Files 탭의 Vector Waveform File을 선택하여 시뮬레이션 입력파형을 생성한 후, "counter.vwf"라는 이름으로 저장한다. 이때 Edit → End Time 메뉴를 눌러 시뮬레이션 Run time을 설정한다.

⑨ Processing → Start Simulation 메뉴를 클릭하여 시뮬레이션을 Run하고, 출력 파형의 동작을 검증한다.

⑩ USB Blaster를 이용하여 FPGA 실습보드를 PC USB 포트에 연결하고 전원을 넣는다.

⑪ Tools → Programmer를 이용하여 "counter.sof" 파일을 다운로드하고, 입력 스위치 및 7-Segment 표시기로 동작을 확인한다. 이때 실습보드의 RUN/PROG 스위치는 RUN으로 설정되어 있어야 한다.

## ⑧ 시뮬레이션 입출력파형

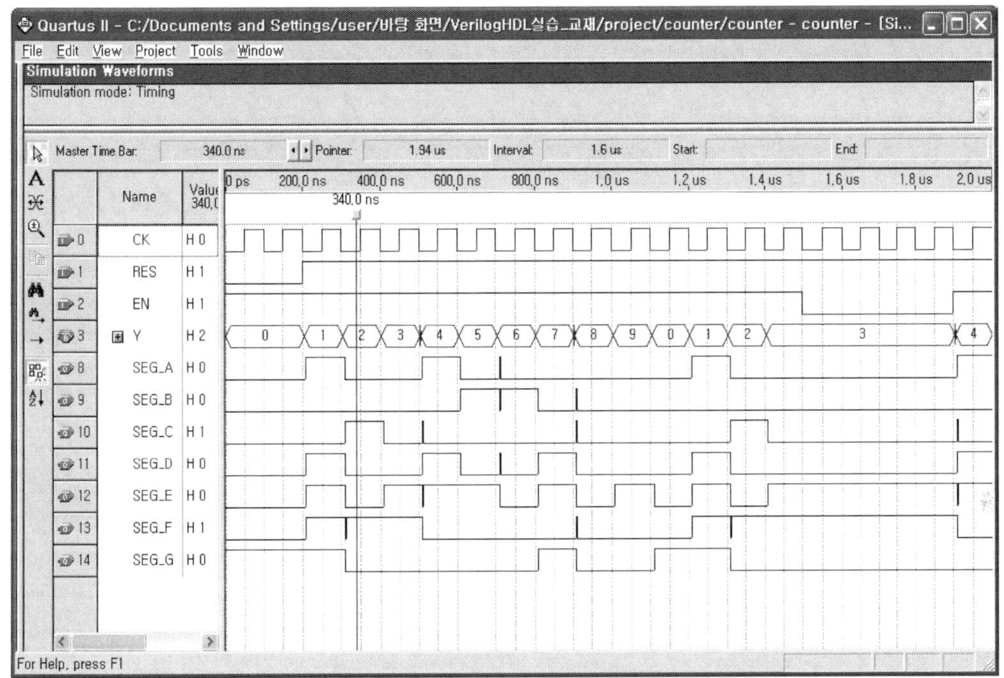

## ⑨ Pin 할당

| 신호명 | Pin 번호 | 입출력 |
|---|---|---|
| CK | PIN_G26 | input |
| RES | PIN_N25 | input |
| EN | PIN_N26 | input |
| SEG_A | PIN_AF10 | output |
| SEG_B | PIN_AB12 | output |
| SEG_C | PIN_AC12 | output |
| SEG_D | PIN_AD11 | output |
| SEG_E | PIN_AE11 | output |
| SEG_F | PIN_V14 | output |
| SEG_G | PIN_V13 | output |

## ⑩ 연습문제

다음과 같은 기능을 수행하는 회로를 설계하라.

- Schematic 방식으로 12진 카운터 회로를 설계
- Schematic 방식으로 20진 카운터 회로를 설계

실습 10

*Verilog HDL 회로설계 실습*

# RAM 제어기

# 10 RAM 제어기

본 실습에서는 내장 RAM을 사용하여 Byte 단위로 데이터를 읽고 쓸 수 있는 8-bit 32-word RAM 회로를 설계하고 시뮬레이션한 후, FPGA 구현을 통해 동작을 검증해 보기로 한다.

## ① 실습 목표

- RAM의 논리적 이론을 배운다.
- 8-bit/32-word RAM 제어회로의 구성과 설계방법을 익힌다.
- 시뮬레이션을 통하여 RAM의 동작원리를 파악한다.
- FPGA 실습보드에 RAM 회로를 구현하고 동작을 확인한다.

## ② 실습 준비물

- Altera의 Quartus Ⅱ 설계도구
- Altera의 DE2 FPGA 실습보드
- USB Blaster

## ③ 사용 디바이스

- FPGA 종류 : Cyclone Ⅱ 계열의 EP2C35F672C6
- 데이터 입력장치 : Toggle 스위치, Pushbutton 스위치
- 출력 표시장치 : LED 표시기

## ④ 동작 원리

RAM(Random Access Memory)은 필요에 따라 언제든지 읽기/쓰기 동작을 할 수 있는 반면 전원이 공급되지 않으면 데이터가 사라지는 휘발성 기억회로로서 DRAM (Dynamic RAM)과 SRAM(Static RAM)이 있다. DRAM은 데이터가 캐패시터에 저장되므로 회로가 간단하고 집적도가 높으나 속도는 느리며, SRAM은 플립플롭에 데이터가 저장되므로 속도는 빠르나 집적도가 낮다.

여기서는 8-bit/32-word RAM 회로를 설계하고 이를 FPGA 상에 구현하여 동작을 검증하도록 한다. 이 RAM의 READ 출력 진리표는 다음과 같이 표현된다.

| Address | | | | | | Data | | | | | | | | 비고 |
|---|---|---|---|---|---|---|---|---|---|---|---|---|---|---|
| a4 | a3 | a2 | a1 | a0 | | d7 | d6 | d5 | d4 | d3 | d2 | d1 | d0 | |
| 0 | 0 | 0 | 0 | 0 | | D07 | D06 | D05 | D04 | D03 | D02 | D01 | D00 | Word0 |
| 0 | 0 | 0 | 0 | 1 | | D17 | D16 | D15 | D14 | D13 | D12 | D11 | D10 | Word1 |
| 0 | 0 | 0 | 1 | 0 | | D27 | D26 | D25 | D24 | D23 | D22 | D21 | D20 | Word2 |
| 0 | 0 | 0 | 1 | 1 | | D37 | D36 | D35 | D34 | D33 | D32 | D31 | D30 | Word3 |
| 0 | 0 | 1 | 0 | 0 | | D47 | D46 | D45 | D44 | D43 | D42 | D41 | D40 | Word4 |
| : | : | : | : | : | | : | : | : | : | : | : | : | : | : |

RAM에 대한 읽기/쓰기 동작은 clock의 상승 에지(rising edge)에서 이루어지는데 wren='1'일 때 write, wren='0'일 때 read 동작이 수행된다. 그리고 RAM의 모든 데이터를 reset시키기 위해서는 모든 주소에 영(zero)을 write해야 한다.

FPGA에 내장된 8-bit, 32-word RAM을 생성하는 방법은 다음과 같은 과정에 따라 진행된다.

① Tools → MegaWizard Plug-In Manager 메뉴를 클릭한다.

② Create a new custom megafunction variation을 선택한다.

③ 생성할 megafunction은 Memory Compiler에서 RAM:1-Port를 선택하고, 출력파일 형태는 Verilog HDL을 선택하며, 출력파일명으로 ram_8b32w를 기입한다.

④ Parameter Settings에서 Bit 폭을 8-bit, Word 크기를 32-word로 선택한 후 Finish 버튼을 클릭하면 해당 경로에 8-bit/32-word RAM에 대한 Verilog HDL 파일이 생성된다.

## ⑤ 블록도

• 파일명 : ram_8b32w.bsf

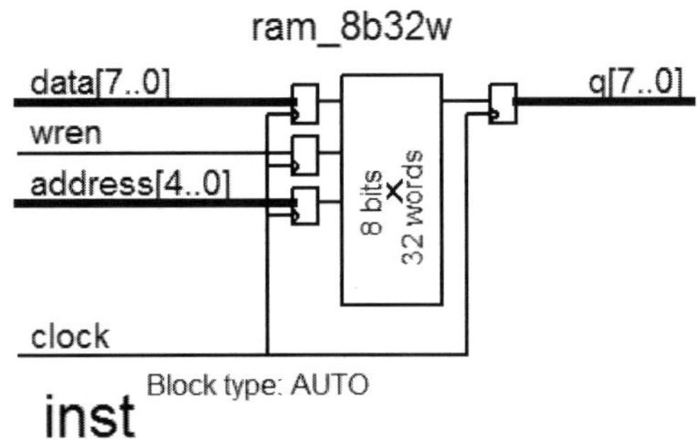


## ⑥ Verilog HDL 프로그램

• 파일명 : ram.v

```verilog
module ram(CK, RES, WR_N, DI, ADDR, DO);
        input                   CK, RES, WR_N;
        input       [7:0]       DI;
        input       [4:0]       ADDR;
        output      [7:0]       DO;


        reg                     WREN;
        reg         [7:0]       RAM_DATA;
        reg         [4:0]       RAM_ADDR;
        reg         [5:0]       COUNT64;


        ram_8b32w u1 (.clock(CK), .wren(WREN), .data(RAM_DATA),
                .address(RAM_ADDR), .q(DO));


// counter 64
        always @(negedge RES or negedge CK)
        begin
```

```verilog
                    if (RES == 1'b0)
                            COUNT64 <= 6'b000000;
                    else
                            COUNT64 <= COUNT64 + 1;
            end

    // RAM reset/write
        always @(RES or COUNT64 or WR_N or ADDR or DI)
        begin
            if (RES == 1'b0)
                    begin
                    WREN <= COUNT64[0];
                    RAM_ADDR <= COUNT64[5:1];
                    RAM_DATA <= 8'b00000000;
                    end
            else
                    begin
                    WREN <= ~WR_N;
                    RAM_ADDR <= ADDR;
                    RAM_DATA <= DI;
                    end
        end
    endmodule
```

## ⑦ 실습 절차

실습은 8–bit × 32–word RAM 회로를 설계하고 시뮬레이션한 후, FPGA 실습보드의 토글 스위치와 LED 표시기를 통해 입출력을 확인한다.

① File → New Project Wizard 메뉴에서 "ram"라는 이름을 사용하여 새로운 프로젝트를 생성한다.

② 이때 Device는 Cyclone Ⅱ 패밀리의 "EP2C35F672C6"디바이스를 설정한다.

③ File → New 메뉴로부터 회로 편집기인 Schematic File을 열고 회로를 입력한 후, "ram.bdf"

라는 이름으로 저장한다. 또는 File → New 메뉴로부터 문서 편집기인 Verilog HDL File을 열고 Verilog HDL 프로그램을 작성한 후, "ram.v"라는 이름으로 저장한다.

④ Project → Add Files in Project 메뉴를 이용하여 "ram.bdf" 또는 "ram.v" 파일을 추가한다.

⑤ Processing → Start Compilation 메뉴를 이용하여 회로를 컴파일하고, 설계 오류를 수정한다.

⑥ Assignments → Assignment Editor 메뉴를 클릭하고 Pin 카테고리를 선택한 후, 다음 페이지에 있는 내용으로 Pin 번호를 할당하고 저장한다.

⑦ 다시 컴파일을 수행한다.

⑧ File → New 메뉴로부터 Other Files 탭의 Vector Waveform File을 선택하여 시뮬레이션 입력파형을 생성한 후, "ram.vwf"라는 이름으로 저장한다. 이때 Edit → End Time 메뉴를 눌러 시뮬레이션 Run time을 설정한다.

⑨ Processing → Start Simulation 메뉴를 클릭하여 시뮬레이션을 Run하고, 출력 파형의 동작을 검증한다.

⑩ USB Blaster를 이용하여 FPGA 실습보드를 PC USB 포트에 연결하고 전원을 넣는다.

⑪ Tools→Programmer를 이용하여 "ram.sof" 파일을 다운로드하고, 입력 스위치 및 7-Segment 표시기로 동작을 확인한다. 이때 실습보드의 RUN/PROG 스위치는 RUN으로 설정되어 있어야 한다.

## ⑧ 시뮬레이션 입출력파형

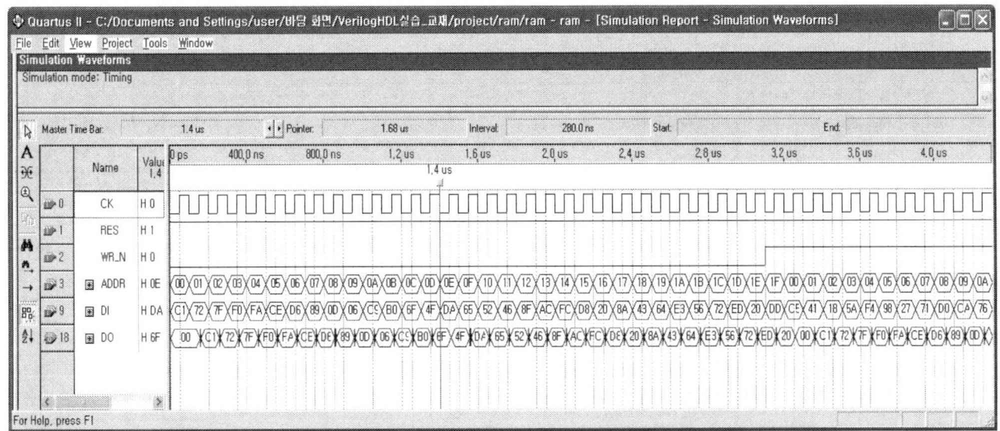

## ⑨ Pin 할당

| 신호명 | Pin 번호 | 입출력 |
| --- | --- | --- |
| CK | PIN_D13 | input |
| RES | PIN_G26 | input |
| WR_N | PIN_N23 | input |
| ADDR[0] | PIN_N25 | input |
| ADDR[1] | PIN_N26 | input |
| ADDR[2] | PIN_P25 | input |
| ADDR[3] | PIN_AE14 | input |
| ADDR[4] | PIN_AF14 | input |
| DI[0] | PIN_AD13 | input |
| DI[1] | PIN_AC13 | input |
| DI[2] | PIN_C13 | input |
| DI[3] | PIN_B13 | input |
| DI[4] | PIN_A13 | input |
| DI[5] | PIN_N1 | input |
| DI[6] | PIN_P1 | input |
| DI[7] | PIN_P2 | input |
| DO[0] | PIN_AE23 | output |
| DO[1] | PIN_AF23 | output |
| DO[2] | PIN_AB21 | output |
| DO[3] | PIN_AC22 | output |
| DO[4] | PIN_AD22 | output |
| DO[5] | PIN_AD23 | output |
| DO[6] | PIN_AD21 | output |
| DO[7] | PIN_AC21 | output |

## ⑩ 연습문제

다음과 같은 기능을 수행하는 회로를 설계하라.

- 8-bit, 64-word SRAM 회로를 설계
- 16-bit, 32-word SRAM 회로를 설계

실습 11

# LCD 제어기

❶ 실습목표

❷ 실습 준비물

❸ 사용 디바이스

❹ 동작 원리

❺ 블록도

❻ Verilog HDL 프로그램

❼ 실습 절차

❽ 시뮬레이션 입출력파형

❾ Pin 할당

❿ 연습문제

# 11 LCD 제어기

본 실습에서는 LCD 표시기를 통하여 "Namseoul University Haeng-Woo Lee" 문자열을 나타
내는 LCD 제어회로를 설계하고 시뮬레이션한 후, FPGA 구현을 통해 동작을 검증해 보기로 한다.

## ① 실습 목표

- LCD 제어기의 논리적 이론을 배운다.
- LCD 제어회로의 구성과 설계방법을 익힌다.
- 시뮬레이션을 통하여 LCD 제어회로의 동작원리를 파악한다.
- FPGA 실습보드에 LCD 제어기를 구현하고 동작을 확인한다.

## ② 실습 준비물

- Altera의 Quartus Ⅱ 설계도구
- Altera의 DE2 FPGA 실습보드
- USB Blaster

## ③ 사용 디바이스

- FPGA 종류 : Cyclone Ⅱ 계열의 EP2C35F672C6
- LCD 제어모듈 : Crystalfontz의 CFAH1602B-TMC-JP
- 동작 주파수 : 1 Hz
- 데이터 입력장치 : Toggle 스위치
- 출력 표시장치 : LCD 표시기

## ④ 동작 원리

　　LCD 모듈은 주로 마이크로프로세서와 결합하여 문자나 화상을 표시하는데 사용된다. LCD 장치는 크게 디스플레이부와 제어부의 두 부분으로 나눌 수 있는데, 본 실습에서는 이 두 부분이 하나로 통합되어 있는 16문자/2줄의 LCD 모듈을 사용한다. 사용된 LCD는 2.95(L)*5.55(W) mm 크기의 디스플레이 font를 사용할 수 있으며, 최대 32문자(16자×2열)를 표시할 수 있는 Display Data RAM(D. D. RAM)을 내장하고 있는데 그 주소를 16진수로 나타내면 다음과 같다.

|  | 1 | 2 | 3 | 4 | 5 | 6 | 7 | 8 | 9 | 10 | 11 | 12 | 13 | 14 | 15 | 16 |
|---|---|---|---|---|---|---|---|---|---|---|---|---|---|---|---|---|
| 1열 | 00 | 01 | 02 | 03 | 04 | 05 | 06 | 07 | 08 | 09 | 0A | 0B | 0C | 0D | 0E | 0F |
| 2열 | 40 | 41 | 42 | 43 | 44 | 45 | 46 | 47 | 48 | 49 | 4A | 4B | 4C | 4D | 4E | 4F |

　　LCD의 휘도(contrast)는 조절용 가변저항을 사용하여 최적화시킬 수 있으며, LCD의 외부신호 및 대응하는 FPGA의 Pin 번호 등은 3장을 참조하면 된다. 그리고 RS, R/W, D(7:0)으로 구성된 instruction set은 3장의 표나 매뉴얼에 상세히 기술되어 있다. 또한 1MHz 이하 주파수를 사용하는 E 클럭과 RS 및 R/W 간의 타이밍 관계(Setup/Hold time), e 클럭과 D(7:0) 간의 타이밍 관계(Setup/Hold time)는 다음과 같다.

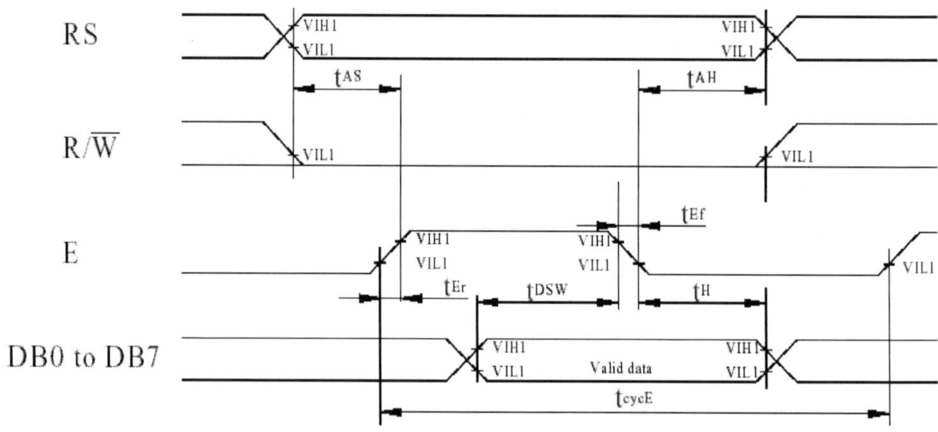

LCD 표시기의 일반적인 제어절차는 다음과 같은 순서에 의해 이루어진다.

① 제어명령을 보내고 4.1ms 이상 기다린다.      예) D = "0011****"

② 제어명령을 보내고 100us 이상 기다린다.      예) D = "0011****"

③ 같은 제어명령을 한번 더 보낸다.      예) D = "0011****"

④ 먼저 display 옵션을 설정한다.      예) D = "00111100"

⑤ LCD 화면을 off시킨다.      예) D = "00001000"

⑥ Display 되어 있는 문자를 삭제(clear)시킨다.      예) D = "00000001"

⑦ Entry 모드를 설정한다.      예) D = "00000110"

⑧ Display 형식을 설정한다.      예) D = "00001111"

⑨ Display Data RAM의 주소를 설정한다.      예) D = "10000000" (0번지)

⑩ 화면에 표시하고자 하는 문자의 코드를 넣어준다.      예) D = "01001110" ('N')

## ⑤ 블록도

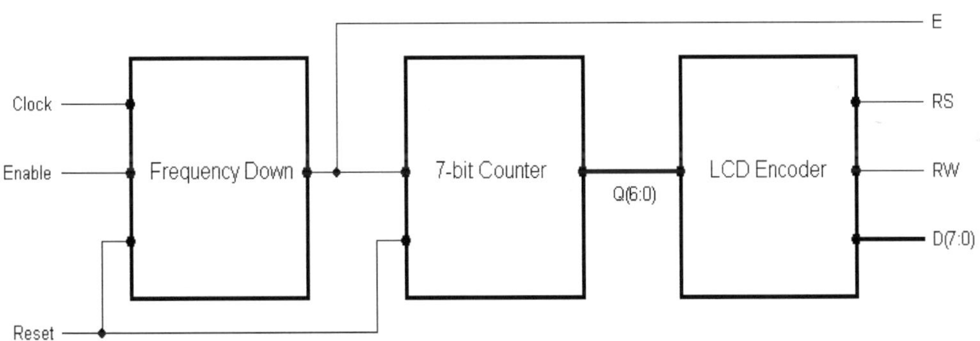

## ① Verilog HDL 프로그램

• 파일명 : lcd.v

```verilog
module lcd(CK, RES, EN, RS, RW, E, POWER, BACK, D);
        input                   CK, RES, EN;
        output      reg         RS, E;
        output                  RW, POWER, BACK;
        output      reg         [7:0]       D;


        wire                    CK1, CK2;
        reg         [10:0]      COUNT1, COUNT2;
        reg         [6:0]       COUNT;


// Data write
        assign RW = 1'b0;
// LCD/Back light power
        assign POWER = 1'b1;
        assign BACK = 1'b1;


// 27MHz → 1Hz
        always @(posedge CK or negedge RES)
        begin
                if (RES == 1'b0)
                        COUNT1 <= 11'b00000000000;
                else
                        COUNT1 <= COUNT1 + 1;
        end
        assign CK1 = COUNT1[10];


        always @(posedge CK1 or negedge RES)
        begin
                if (RES == 1'b0)
```

```verilog
                    COUNT2 <= 11'b00000000000;
        else
                    COUNT2 <= COUNT2 + 1;
end
assign CK2 = COUNT2[10];

always @(negedge CK2 or negedge RES)
begin
        if (RES == 1'b0)
                    E <= 1'b0;
        else
                    E <= ~COUNT[0];
end

always @(posedge CK2 or negedge RES)
begin
        if (RES == 1'b0)
                    COUNT <= 7'b0000000;
        else
                    if (EN == 1'b1) COUNT <= COUNT + 1;
end

always @(COUNT[6:1])
begin
        case(COUNT[6:1])
                    0 :        begin
                               RS = 1'b0;
                               D = 8'b00111000;
                               end
                    1 :        begin
                               RS = 1'b0;
                               D = 8'b00111000;
                               end
```

```verilog
2 :       begin
          RS = 1'b0;
          D = 8'b00111000;
          end
3 :       begin
          RS = 1'b0;
          D = 8'b00111000;
          end
4 :       begin
          RS = 1'b0;
          D = 8'b00111000;   //display 옵션
          end
5 :       begin
          RS = 1'b0;
          D = 8'b00001000;   //display off
          end
6 :       begin
          RS = 1'b0;
          D = 8'b00000001;   //display clear
          end
7 :       begin
          RS = 1'b0;
          D = 8'b00000010;   //cursor home
          end
8 :       begin
          RS = 1'b0;
          D = 8'b00000110;   //entry mode
          end
9 :       begin
          RS = 1'b0;
          D = 8'b00001111;   //표시 제어
          end
```

```verilog
10 :    begin
            RS = 1'b0;
            D = 8'b10000000;   //RAM 주소=0
        end
11 :    begin
            RS = 1'b1;
            D = 8'b01001110;   //'N'
        end
12 :    begin
            RS = 1'b1;
            D = 8'b01100001;   //'a'
        end
13 :    begin
            RS = 1'b1;
            D = 8'b01101101;   //'m'
        end
14 :    begin
            RS = 1'b1;
            D = 8'b01110011;   //'s'
        end
15 :    begin
            RS = 1'b1;
            D = 8'b01100101;   //'e'
        end
16 :    begin
            RS = 1'b1;
            D = 8'b01101111;   //'o'
        end
17 :    begin
            RS = 1'b1;
            D = 8'b01110101;   //'u'
        end
```

```
18 :        begin
            RS = 1'b1;
            D = 8'b01101100;   //'l'
            end
19 :        begin
            RS = 1'b0;
            D = 8'b00010100;   //blank
            end
20 :        begin
            RS = 1'b1;
            D = 8'b01010101;   //'U'
            end
21 :        begin
            RS = 1'b1;
            D = 8'b01101110;   //'n'
            end
22 :        begin
            RS = 1'b1;
            D = 8'b01101001;   //'i'
            end
23 :        begin
            RS = 1'b1;
            D = 8'b01110110;   //'v'
            end
24 :        begin
            RS = 1'b1;
            D = 8'b01100101;   //'e'
            end
25 :        begin
            RS = 1'b1;
            D = 8'b01110010;   //'r'
            end
```

```verilog
26 :      begin
          RS = 1'b1;
          D = 8'b01110011;  //'s'
          end
27 :      begin
          RS = 1'b1;
          D = 8'b01101001;  //'i'
          end
28 :      begin
          RS = 1'b1;
          D = 8'b01110100;  //'t'
          end
29 :      begin
          RS = 1'b1;
          D = 8'b01111001;  //'y'
          end
30 :      begin
          RS = 1'b0;
          D = 8'b00010100;  //blank
          end
31 :      begin
          RS = 1'b0;
          D = 8'b11000000;  //RAM 주소=40h
          end
32 :      begin
          RS = 1'b1;
          D = 8'b01001000;  //'H'
          end
33 :      begin
          RS = 1'b1;
          D = 8'b01100001;  //'a'
          end
```

```
34 :      begin
           RS = 1'b1;
           D = 8'b01100101;   //'e'
           end
35 :      begin
           RS = 1'b1;
           D = 8'b01101110;   //'n'
           end
36 :      begin
           RS = 1'b1;
           D = 8'b01100111;   //'g'
           end
37 :      begin
           RS = 1'b1;
           D = 8'b00101101;   //'-'
           end
38 :      begin
           RS = 1'b1;
           D = 8'b01010111;   //'W'
           end
39 :      begin
           RS = 1'b1;
           D = 8'b01101111;   //'o'
           end
40 :      begin
           RS = 1'b1;
           D = 8'b01101111;   //'o'
           end
41 :      begin
           RS = 1'b0;
           D = 8'b00010100;   //blank
           end
```

```
42 :     begin
         RS = 1'b1;
         D = 8'b01001100;   //'L'
         end
43 :     begin
         RS = 1'b1;
         D = 8'b01100101;   //'e'
         end
44 :     begin
         RS = 1'b1;
         D = 8'b01100101;   //'e'
         end
45 :     begin
         RS = 1'b0;
         D = 8'b00010100;   //blank
         end
46 :     begin
         RS = 1'b0;
         D = 8'b00010100;   //blank
         end
47 :     begin
         RS = 1'b0;
         D = 8'b00010100;   //blank
         end
48 :     begin
         RS = 1'b0;
         D = 8'b00010100;   //blank
         end
49 :     begin
         RS = 1'b0;
         D = 8'b00010100;   //blank
         end
```

```
                      50 :        begin
                                  RS = 1'b0;
                                  D = 8'b00010100;   //blank
                                  end
                      default : begin
                                  RS = 1'b0;
                                  D = 8'b00011000; //shift
                                  end
                 endcase
        end

    endmodule
```

## ⑦ 실습 절차

실습은 LCD 화면에 "Namseoul University Haeng-Woo Lee" 문자열을 표시하는 LCD 제어회로를 설계하고 시뮬레이션한 후, FPGA 실습보드의 토글 스위치와 LCD 표시기를 통해 입출력을 확인한다.

① File → New Project Wizard 메뉴에서 "lcd"라는 이름을 사용하여 새로운 프로젝트를 생성한다.

② 이때 Device는 Cyclone Ⅱ 패밀리의 "EP2C35F672C6" 디바이스를 설정한다.

③ File → New 메뉴로부터 회로 편집기인 Schematic File을 열고 회로를 입력한 후, "lcd.bdf"라는 이름으로 저장한다. 또는 File → New 메뉴로부터 문서 편집기인 Verilog HDL File을 열고 Verilog HDL 프로그램을 작성한 후, "lcd.v"라는 이름으로 저장한다.

④ Project → Add Files in Project 메뉴를 이용하여 "lcd.bdf" 또는 "lcd.v" 파일을 추가한다.

⑤ Processing → Start Compilation 메뉴를 이용하여 회로를 컴파일하고, 설계 오류를 수정한다.

⑥ Assignments → Assignment Editor 메뉴를 클릭하고 Pin 카테고리를 선택한 후, 다음 페이지에 있는 내용으로 Pin 번호를 할당하고 저장한다.

⑦ 다시 컴파일을 수행한다.

⑧ File → New 메뉴로부터 Other Files 탭의 Vector Waveform File을 선택하여 시뮬레이션 입력파형을 생성한 후, "lcd.vwf"라는 이름으로 저장한다. 이때 Edit → End Time 메뉴를 눌러 시뮬레이션 Run time을 설정한다.

⑨ Processing → Start Simulation 메뉴를 클릭하여 시뮬레이션을 Run하고, 출력 파형의 동작을 검증한다.

⑩ USB Blaster를 이용하여 FPGA 실습보드를 PC USB 포트에 연결하고 전원을 넣는다.

⑪ Tools→Programmer를 이용하여 "lcd.sof"파일을 다운로드하고, 입력 스위치 및 7-Segment 표시기로 동작을 확인한다. 이때 실습보드의 RUN/PROG 스위치는 RUN으로 설정되어 있어야 한다.

## ⑧ 시뮬레이션 입출력파형

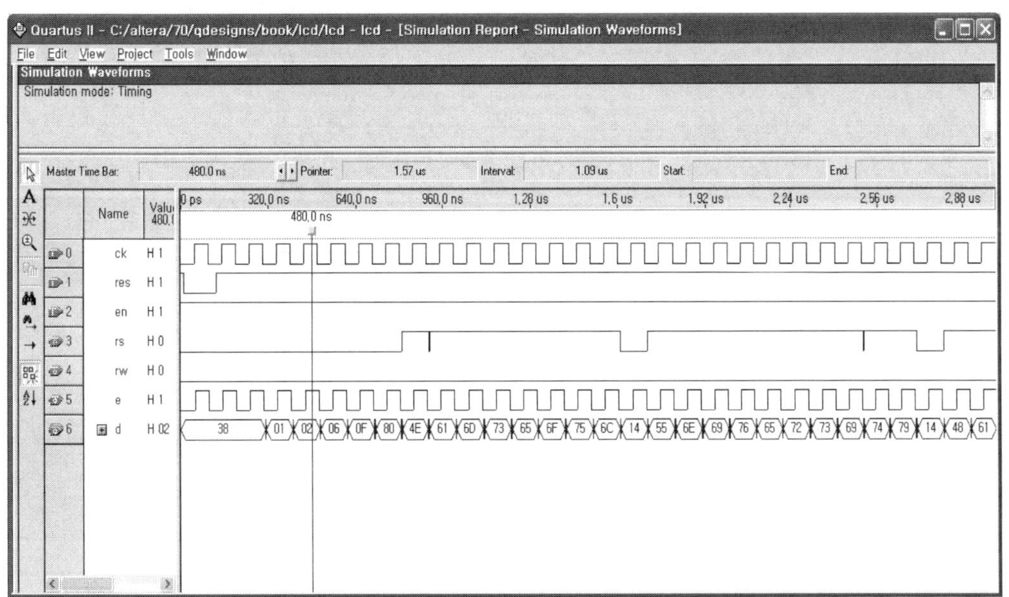

## ⑨ Pin 할당

| 신호명 | Pin 번호 | 입출력 |
|---|---|---|
| CK | PIN_D13 | input |
| RES | PIN_G26 | input |
| EN | PIN_V2 | input |
| RS | PIN_K1 | output |
| RW | PIN_K4 | output |
| E | PIN_K3 | output |
| D[0] | PIN_J1 | output |
| D[1] | PIN_J2 | output |
| D[2] | PIN_H1 | output |
| D[3] | PIN_H2 | output |
| D[4] | PIN_J4 | output |
| D[5] | PIN_J3 | output |
| D[6] | PIN_H4 | output |
| D[7] | PIN_H3 | output |
| POWER | PIN_L4 | output |
| BACK | PIN_K2 | output |

## ⑩ 연습문제

다음과 같은 기능을 수행하는 회로를 설계하라.

- 자신의 영문 이름과 학번을 LCD 화면으로 표시하는 회로

실습 12

*Verilog HDL 회로설계 실습*

# 직렬통신 제어기

# 12  직렬통신 제어기

본 실습에서는 MAX232 칩을 사용하여 RS232C 방식으로 PC와 직렬통신할 수 있는 UART 제어 회로를 설계하고 시뮬레이션한 후, FPGA 구현을 통해 동작을 검증해 보기로 한다.

## ① 실습 목표

- RS232C 방식의 통신이론을 배운다.
- UART 제어회로의 구성과 설계방법을 익힌다.
- 시뮬레이션을 통하여 직렬통신의 동작원리를 파악한다.
- FPGA 실습보드에 UART 제어회로를 구현하고 동작을 확인한다.

## ② 실습 준비물

- Altera의 Quartus Ⅱ 설계도구
- Altera의 DE2 FPGA 실습보드
- USB Blaster
- 직렬 케이블

## ③ 사용 디바이스

- FPGA 종류 : Cyclone Ⅱ 계열의 EP2C35F672C6
- RS232C IC : TI의 MAX232
- 송신 입력장치 : Toggle 스위치, Pushbutton 스위치
- 수신 출력장치 : 7-segment 표시기

## ④ 동작 원리

PC는 주변장치를 통해서 외부와 정보를 교환할 수 있는데, 정보를 외부와 교환하는 방법으로는 병렬통신방식과 직렬통신방식이 있다. 일반적으로 컴퓨터 내부의 장치와 정보교환을 할 때는 보통 고속의 통신속도를 필요로 하기 때문에 한꺼번에 많은 정보를 처리할 수 있는 병렬통신방식을 주로 쓴다. 그러나 어플리케이션 자체가 고속의 통신속도를 필요로 하지 않을 경우에는 직렬통신방식을 많이 사용한다.

직렬통신방식이란 데이터 비트를 1개의 비트 단위로 외부로 송수신하는 방식으로써 구현하기가 쉽고, 비교적 먼 거리까지 전송할 수 있으며, 기존의 통신선로(전화선 등)를 이용할 수 있어 비용 절감이 큰 장점이다. 직렬통신의 대표적인 것으로 모뎀, LAN, RS232C 및 X.25 등이 있다. 직렬통신을 크게 구분하면 비동기식과 동기식으로 나눌 수 있다. 일반적으로 비동기식 통신콘트롤러를 UART(Universal Asynchronous Receiver/Transmitter)라 하는데, UART에서 나오는 신호는 TTL 신호레벨을 갖기 때문에 잡음에 약하고 전송거리에 제약이 있다. 이러한 TTL 신호를 입력받아 잡음에 강하고 먼 거리까지 도달할 수 있게 해주는 인터페이스 IC를 Line Driver라 하며, RS232C가 대표적인 것이다.

RS232C는 EIA(Electronic Industries Association)에 의해 규정되었으며, 그 내용은 데이터단말기(DTE)와 데이터통신기(DCE) 사이의 인터페이스에 대한 전기적인 인수, 컨트롤 핸드쉐이킹, 전송속도, 신호 대기시간, 임피던스 인수 등을 포함하고 있다. RS232C 통신을 하기 위해서는 다음과 같은 프로토콜을 만족해야 한다. 즉, 전송속도(1.2, 2.4, 4.8, 9.6, 19.2kbaud 등), 데이터 길이(7, 8bit), 패리티 종류(Even, Odd, None), 스톱비트의 길이(1, 2bit) 등이다. 다음 그림은 8-bit Data, 1-bit 패리티, 1-bit Stop 등 총 11-bit로 이루어진 프레임 구조이다.

| Sta | B0 | B1 | B2 | B3 | B4 | B5 | B6 | B7 | Par | Sto |
|---|---|---|---|---|---|---|---|---|---|---|

이 그림으로부터 RS232C는 대기상태에서는 High(5V)이고 전송이 시작되면서 Low로 떨어지는 것을 알 수 있다. 실제로 수신측에서는 RS232C 신호선이 Low로 떨어지는 시점을 기다리고 있다가 Low로 떨어지는 직후부터 수신 동작에 들어간다. 이때부터 약속된 전송속도로 데이터를 샘플링하는

것이다. Start 비트를 선두로 해서 데이터 비트는 하위비트부터 순서대로 전송되고, Stop 비트에서는 신호를 High로 만들어서 다음에 오는 Start 비트를 감지하기 위한 준비를 한다.

RS232C에 대하여 기본적으로 알아야 할 9-Pin 커넥터의 구조 및 각 신호선에 대한 설명은 다음과 같다.

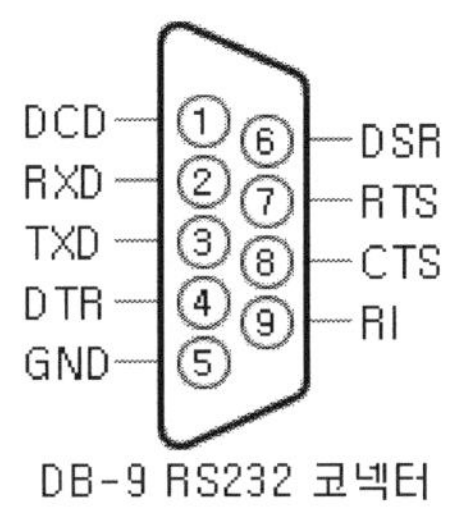



① DCD(Data Carrier Detect) : 모뎀이 상대편 모뎀과 전화선 등을 통해 접속이 완료되었을 때 상대편 모뎀이 캐리어신호를 보내오며, 이 신호를 검출하였음을 컴퓨터 또는 터미널에 알려주는 신호선

② RXD(Receive Data) : 외부 장치에서 들어오는 직렬통신 데이터를 입력받는 신호선

③ TXD(Transmit Data) : 외부 장치로 정보를 보낼 때 직렬통신 데이터가 나오는 신호선

④ DTR(Data Terminal Ready) : 컴퓨터 또는 터미널이 모뎀에게 자신이 송수신 가능한 상태임을 알리는 신호선

⑥ DSR(Data Set Ready) : 모뎀이 컴퓨터 또는 터미널에게 자신이 송수신 가능한 상태임을 알려주는 신호선

⑦ RTS(Ready To Send) : 컴퓨터와 같은 DTE 장치가 모뎀과 같은 DCE 장치에게 데이터를 받을 준비가 되었음을 나타내는 신호선

⑧ CTS(Clear To Send) : 모뎀과 같은 DCE 장치가 컴퓨터와 같은 DTE 장치에게 데이터를 받을 준비가 되었음을 나타내는 신호선

⑨ RI(Ring Indicator) : 상대편 모뎀이 통신을 하기 위해서 먼저 전화를 걸어오면 전화벨이 울리게 된다. 이때 이 신호를 모뎀이 인식하여 컴퓨터 또는 터미널에 알려주는 신호선

## ⑤ 블록도

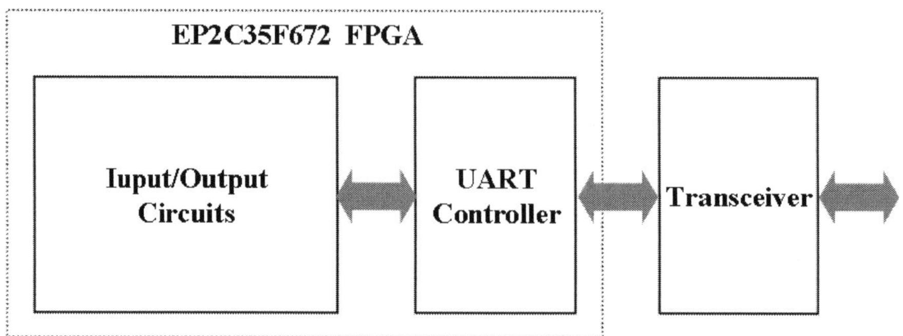



## ⑥ Verilog HDL 프로그램

• 파일명 : uart.v

```verilog
module uart(CK27M, RESET, RXIN, TXEN, CHECK, TXIN, TXOUT, NEW_CHAR, SEG);
        input                   CK27M, RESET;
        input                   RXIN, TXEN, CHECK;
        input           [7:0]   TXIN;
        output                  TXOUT;
        output  reg             NEW_CHAR;
        output          [6:0]   SEG;

        reg                     CK9_6K, TXEN_TMP, COUNT_EN;
        reg                     RXIN_TMP, START_EN, CK_RX, CK_RX_1;
        reg                     RX_VALID, RX_VALID_1;
        reg             [10:0]  TXDATA;
        reg             [7:0]   RXDATA;
        integer                 COUNT1406;                  // (27M/9.6k)/2
        integer                 SAMPLE_NO, SAMPLE_NO_1;     // 0 ~ 1406
        integer                 COUNT11;                    // 0 ~ 10
        integer                 COUNT1000;                  // 0 ~ 999
        integer                 COUNT8, COUNT8_1;           // 0 ~ 8
```

```verilog
        always @(posedge CK9_6K or negedge RESET)
        begin
                if (RESET == 1'b0)
                        COUNT_EN <= 1'b0;
                else
                        begin
                        if (COUNT11 == 10)
                                COUNT_EN <= 1'b0;
                        else if ((TXEN_TMP==1'b1) && (TXEN==1'b0))
                                COUNT_EN <= 1'b1;
                        end
        end
// tx bit count
        always @(negedge CK9_6K or negedge RESET)
        begin
                if (RESET == 1'b0)
                        COUNT11 <= 0;
                else
                        begin
                        if (COUNT_EN == 1'b1)
                                COUNT11 <= COUNT11 + 1;
                        else
                                COUNT11 <= 0;
                        end
        end
// tx register shifting out
        always @(negedge CK9_6K or negedge RESET)
        begin
                if (RESET == 1'b0)
                        TXDATA <= 11'b11000000000;
                else
                        begin
```

```verilog
                        if (COUNT_EN == 1'b1)
                                begin
                                TXDATA[9:0] <= TXDATA[10:1];
                                TXDATA[10] <= TXDATA[0];
                                end
                        else
                                begin
                                TXDATA[0] <= 1'b0;
                                TXDATA[8:1] <= TXIN;
                                TXDATA[9] <= 1'b1;
                                TXDATA[10] <= 1'b1;
                                end
                        end
        end

        assign TXOUT = TXDATA[10];

// RX data
        always @(posedge CK27M or negedge RESET)
        begin
                if (RESET == 1'b0)
                        RXIN_TMP <= 1'b0;
                else
                        RXIN_TMP <= RXIN;
        end
// start bit count enable
        always @(negedge CK27M or negedge RESET)
        begin
                if (RESET == 1'b0)
                        START_EN <= 1'b0;
                else
                        begin
```

```verilog
                if (RXIN == 1'b1)
                        START_EN <= 1'b0;
                else if ((RXIN_TMP==1'b1) && (RXIN==1'b0))
                        START_EN <= 1'b1;
                end
        end
// start bit count
        always @(posedge CK27M or negedge RESET)
        begin
                if (RESET == 1'b0)
                        COUNT1000 <= 0;
                else
                        begin
                        if (START_EN == 1'b1)
                                COUNT1000 <= COUNT1000 + 1;
                        else
                                COUNT1000 <= 0;
                        end
        end
// start bit OK / sampling position
        always @(negedge CK27M or negedge RESET)
        begin
                if (RESET == 1'b0)
                        begin
                        RX_VALID <= 1'b0;
                        SAMPLE_NO <= 0;
                        CK_RX <= 1'b0;
                        end
                else
                        begin
                        if ((COUNT8_1==8) && (COUNT1406==SAMPLE_NO_1))
                                RX_VALID <= 1'b0;
```

```verilog
                        else if ((RX_VALID==1'b0) && (COUNT1000==999))
                                begin
                                RX_VALID <= 1'b1;
                                SAMPLE_NO <= COUNT1406;
                                CK_RX <= CK9_6K;
                                end
                        end
                end
// half cycle delay
        always @(posedge CK27M, negedge RESET)
        begin
                if (RESET == 1'b0)
                        begin
                        SAMPLE_NO_1 <= 0;
                        RX_VALID_1 <= 1'b0;
                        COUNT8_1 <= 0;
                        CK_RX_1 <= 1'b0;
                        end
                else
                        begin
                        SAMPLE_NO_1 <= SAMPLE_NO;
                        RX_VALID_1 <= RX_VALID;
                        COUNT8_1 <= COUNT8;
                        CK_RX_1 <= CK_RX;
                        end
        end
// rx register save
        always @(negedge CK27M or negedge RESET)
        begin
                if (RESET == 1'b0)
                        begin
                        RXDATA <= 8'b00000000;
```

```verilog
                        COUNT8 <= 0;
                    end
            else
                    begin
                    if ((RX_VALID_1==1'b1) && (COUNT1406==SAMPLE_NO_1))
                            begin
                            if (CK_RX_1 == CK9_6K)
                                    begin
                                    RXDATA[7] <= RXIN;
                                    RXDATA[6:0] <= RXDATA[7:1];
                                    end
                            end
                    if (RX_VALID_1==1'b1)
                            begin
                            if((COUNT1406==SAMPLE_NO_1) && (CK_RX==CK9_6K))
                                    COUNT8 <= COUNT8 + 1;
                            end
                    else
                            COUNT8 <= 0;
                    end
        end
// receive check
    always @(RX_VALID or CHECK)
    begin
            if (RX_VALID == 1'b1)
                    NEW_CHAR <= 1'b1;
            else if (CHECK == 1'b0)
                    NEW_CHAR <= 1'b0;
    end

endmodule
```

## ⑦ 실습 절차

실습은 9.6kb/s UART 제어회로를 설계하고 시뮬레이션한 후, FPGA 실습보드의 토글 스위치와 7-segment 표시기를 통해 입출력을 확인한다.

① File → New Project Wizard 메뉴에서 "uart"라는 이름을 사용하여 새로운 프로젝트를 생성한다.

② 이때 Device는 Cyclone Ⅱ 패밀리의 "EP2C35F672C6" 디바이스를 설정한다.

③ File → New 메뉴로부터 회로 편집기인 Schematic File을 열고 회로를 입력한 후, "uart.bdf"라는 이름으로 저장한다. 또는 File → New 메뉴로부터 문서 편집기인 Verilog HDL File을 열고 Verilog HDL 프로그램을 작성한 후, "uart.v"라는 이름으로 저장한다.

④ Project → Add Files in Project 메뉴를 이용하여 "uart.bdf" 또는 "uart.v" 파일을 추가한다.

⑤ Processing → Start Compilation 메뉴를 이용하여 회로를 컴파일하고, 설계 오류를 수정한다.

⑥ Assignments → Assignment Editor 메뉴를 클릭하고 Pin 카테고리를 선택한 후, 다음 페이지에 있는 내용으로 Pin 번호를 할당하고 저장한다.

⑦ 다시 컴파일을 수행한다.

⑧ File → New 메뉴로부터 Other Files 탭의 Vector Waveform File을 선택하여 시뮬레이션 입력파형을 생성한 후, "uart.vwf"라는 이름으로 저장한다. 이때 Edit → End Time 메뉴를 눌러 시뮬레이션 Run time을 설정한다.

⑨ Processing → Start Simulation 메뉴를 클릭하여 시뮬레이션을 Run하고, 출력 파형의 동작을 검증한다.

⑩ USB Blaster를 이용하여 FPGA 실습보드를 PC USB 포트에 연결하고 전원을 넣는다.

⑪ Tools→Programmer를 이용하여 "uart.sof" 파일을 다운로드하고, 입력 스위치 및 7-Segment 표시기로 동작을 확인한다. 이때 실습보드의 RUN/PROG 스위치는 RUN으로 설정되어 있어야 한다.

# ⑧ 시뮬레이션 입출력파형

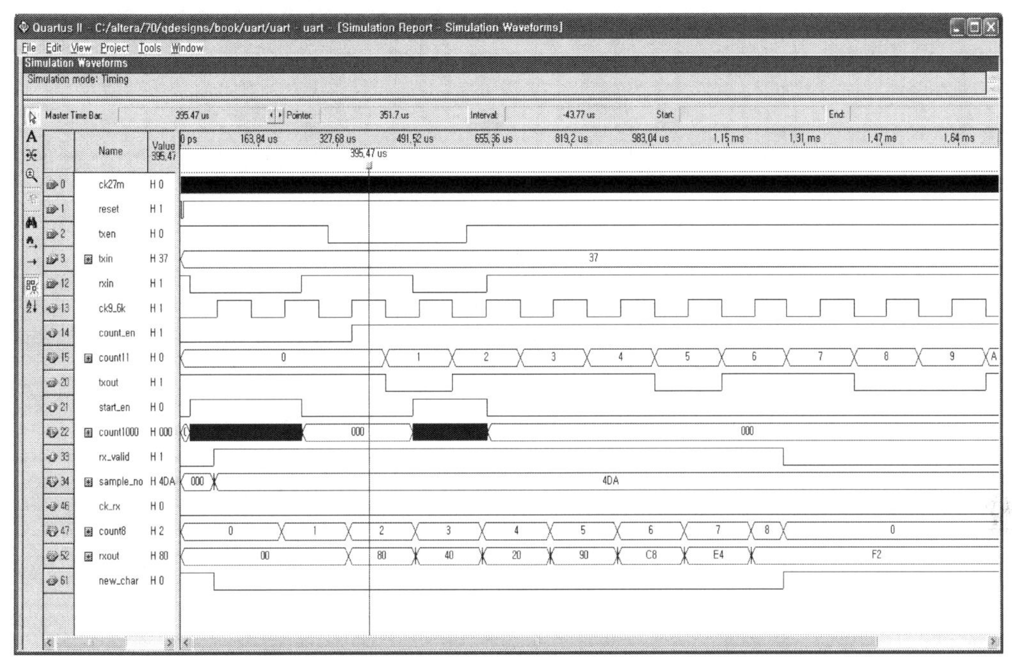

## ⑨ Pin 할당

| 신호명 | Pin 번호 | 입출력 |
|---|---|---|
| CK27M | PIN_D13 | input |
| RESET | PIN_G26 | input |
| TXEN | PIN_N23 | input |
| TXIN[0] | PIN_N25 | input |
| TXIN[1] | PIN_N26 | input |
| TXIN[2] | PIN_P25 | input |
| TXIN[3] | PIN_AE14 | input |
| TXIN[4] | PIN_AF14 | input |
| TXIN[5] | PIN_AD13 | input |
| TXIN[6] | PIN_AC13 | input |
| TXIN[7] | PIN_C13 | input |
| RXIN | PIN_C25 | input |
| CHECK | PIN_P23 | input |
| TXOUT | PIN_B25 | output |
| SEG[0] | PIN_V13 | output |
| SEG[1] | PIN_V14 | output |
| SEG[2] | PIN_AE11 | output |
| SEG[3] | PIN_AD11 | output |
| SEG[4] | PIN_AC12 | output |
| SEG[5] | PIN_AB12 | output |
| SEG[6] | PIN_AF10 | output |
| NEW_CHAR | PIN_AE22 | output |

## ⑩ 연습문제

다음과 같은 기능을 수행하는 회로를 설계하라.

- RS232C 방식으로 수신한 숫자를 7-segment로 표시하는 회로

# Audio 제어기

# 13 Audio 제어기

본 실습에서는 외부 Audio CODEC을 이용하여 오디오 데이터를 입출력할 수 있는 제어회로를 설계하고 시뮬레이션한 후, FPGA 구현을 통해 동작을 검증한다.

## ① 실습 목표

- 오디오 데이터의 처리기술을 배운다.
- 48kHz 샘플링, 24-bit Audio 제어회로의 구성과 설계방법을 익힌다.
- 시뮬레이션을 통하여 오디오 처리의 동작원리를 파악한다.
- FPGA 실습보드에 Audio 제어회로를 구현하고 동작을 확인한다.

## ② 실습 준비물

- Altera의 Quartus Ⅱ 설계도구
- Altera의 DE2 FPGA 실습보드
- USB Blaster
- 스피커

## ③ 사용 디바이스

- FPGA 종류 : Cyclone Ⅱ 계열의 EP2C35F672C6
- Audio CODEC : Wolfson의 WM8731
- 제어 입력장치 : Toggle 스위치
- 음향 표시장치 : LED 표시기

## ④ 동작 원리

음향신호는 본래 아날로그 신호로서 이 신호를 디지털 데이터로 변환하면 데이터 처리를 매우 용이하게 수행할 수 있다. 이를 위한 소자로서 Audio CODEC(Coder/Decoder)은 마이크로부터 유입된 아날로그 음향신호를 디지털 데이터로 변환하거나, 반대로 디지털 데이터를 아날로그 음향신호로 변환하여 스피커로 출력하는 기능을 한다. 변환된 디지털 데이터는 CODEC에서 직렬 비트 형태로 출력되는데 디지털 신호처리를 위해서는 병렬 데이터 형태로 표현되어야 한다. 또한 병렬 데이터를 음향신호로 변환하기 위해서는 우선 병렬 데이터를 직렬 비트 형태로 바꾸어 CODEC으로 보내야 한다.

Audio CODEC인 WM8731 칩은 Slave 모드로 동작하여 모든 클럭을 FPGA로부터 공급받는다. 이때 Bit 클럭은 상승 에지에서 LR 클럭과 DAC 데이터를 MSB부터 순서대로 플립플롭에 저장한다. 이 칩은 DAC/ADC LR 클럭과 DAC/ADC 데이터 간의 타이밍 관계에 따라 4가지의 디지털 오디오 인터페이스 포맷을 제공한다. 즉, 좌측정렬모드, I2S 모드, 우측정렬모드, DSP 모드를 말하는데 디폴트 모드인 I2S 모드의 타이밍도는 다음 그림과 같다.

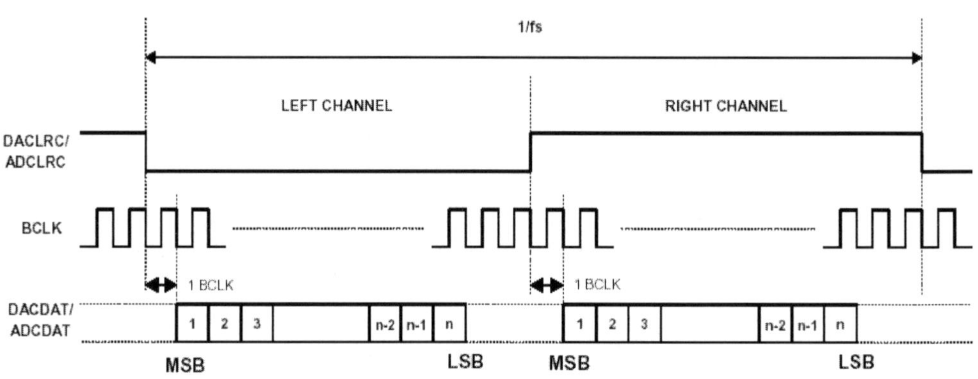


CODEC 칩은 16개의 16-bit 제어용 레지스터를 내장하고 있어 여기에 각종 제어정보를 저장하고 있다. 16-bit 가운데 7bit는 레지스터 주소를 나타내며, 나머지 9bit에 제어정보를 저장한다. 디지털 오디오 연결모드나 디지털 오디오 인터페이스 포맷, 그리고 디지털 오디오 데이터 크기 등은 레지스터 R7에서 설정하며, 샘플링 속도는 레지스터 R8에서 설정한다. 이러한 동작모드의 제어는 별도의 SCLK와 SDIN 신호를 통하여 2-wire 직렬제어모드로 이루어진다. 본 실습에서는 디지털 오디오 Slave 모드 연결, 디지털 오디오 좌측정렬 인터페이스, 그리고 24-bit 해상도에 48kHz 샘플링 속도를 설정한다. CODEC 칩의 16개 제어 레지스터를 정리하면 다음 표와 같다.

| Regi ster | 어드레스 | | | | | | | 제어 비트 | | | | | | | | |
|---|---|---|---|---|---|---|---|---|---|---|---|---|---|---|---|---|
| | B15 | B14 | B13 | B12 | B11 | B10 | B9 | B8 | B7 | B6 | B5 | B4 | B3 | B2 | B1 | B0 |
| R0 | 0 | 0 | 0 | 0 | 0 | 0 | 0 | LRin Both | Lin Mute | 0 | 0 | LIN vol | | | | |
| R1 | 0 | 0 | 0 | 0 | 0 | 0 | 1 | RLin Both | Rin Mute | 0 | 0 | RIN vol | | | | |
| R2 | 0 | 0 | 0 | 0 | 0 | 1 | 0 | LRHP Both | LZC en | LHP vol | | | | | | |
| R3 | 0 | 0 | 0 | 0 | 0 | 1 | 1 | RLHP Both | RZC en | RHP vol | | | | | | |
| R4 | 0 | 0 | 0 | 0 | 1 | 0 | 0 | 0 | Side Att | | Side Tone | DAC Sel | Bypass | In Sel | Mute Mic | Mic Boost |
| R5 | 0 | 0 | 0 | 0 | 1 | 0 | 1 | 0 | 0 | 0 | 0 | HPOR | DAC Mute | Deemph | | ADC HPD |
| R6 | 0 | 0 | 0 | 0 | 1 | 1 | 0 | 0 | PWR Off | CLK Out PD | OSC PD | Out PD | DAC PD | ADC PD | Mic PD | Line In PD |
| R7 | 0 | 0 | 0 | 0 | 1 | 1 | 1 | 0 | BCLK Inv | MS | LR Swap | LRP | IWL | | Format | |
| R8 | 0 | 0 | 0 | 1 | 0 | 0 | 0 | 0 | CLKO Div2 | CLKI Div2 | SR | | | | BOSR | USB/ Normal |
| R9 | 0 | 0 | 0 | 1 | 0 | 0 | 1 | 0 | 0 | 0 | 0 | 0 | 0 | 0 | 0 | Active |
| R15 | 0 | 0 | 0 | 1 | 1 | 1 | 1 | Reset | | | | | | | | |

SCLK와 SDIN 신호를 통하여 제어 레지스터 값을 전송하는 절차는 다음과 그림과 같다. 즉 SCLK 신호가 High인 상태에서 SDIN 신호가 High → Low로 변함으로서 전송이 시작됨을 나타낸다. 이어서 디바이스 어드레스 "0011010"과 Write를 나타내는 '0'을 보내면 CODEC은 Ack 신호로 '0'을 리턴해준다. 그리고 16-bit 제어 레지스터 중 먼저 상위 8-bit를 MSB부터 전송하고 Ack 신호 '0'을 받은 후, 나머지 하위 8-bit를 MSB부터 전송하고 다시 Ack 신호 '0'을 받는다. 종료는 SCLK 신호가 High인 상태에서 SDIN 신호가 Low → High로 변함으로서 이루어진다. SDIN Pin은 양방향 입출력 핀이기 때문에 데이터를 송신할 수도 있고 수신할 수도 있다. 따라서 송신하지 않을 때 출력단자는 3-state 버퍼를 통해 High Impedance 상태로 있게 해야 한다.

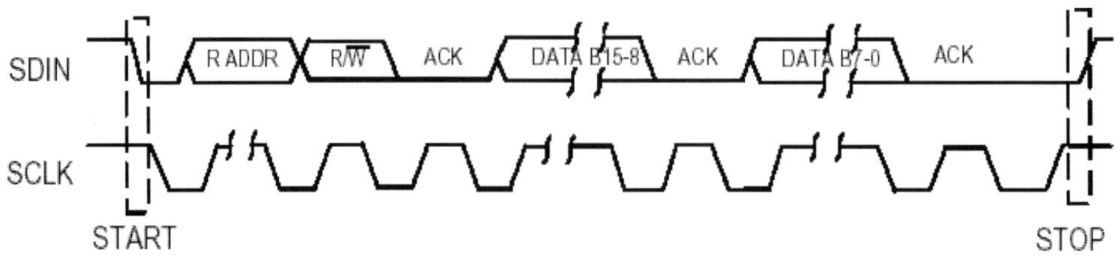


오디오 신호를 수신하기 전에 CODEC의 동작모드를 설정하기 위해 전송해야할 제어 데이터는 다음과 같다.

| 설정내용 | 디폴트 데이터 | 새로운 설정값 |
|---|---|---|
| disable left line-in mute | 0000000,010010111 | 0000000,000010111 |
| disable right line-in mute | 0000001,010010111 | 0000001,000010111 |
| disable Mic mute, Mic/DAC select | 0000100,000001010 | 0000100,000010101 |
| active digital audio interface | 0001001,000000000 | 0001001,000000001 |

⑤ 블록도

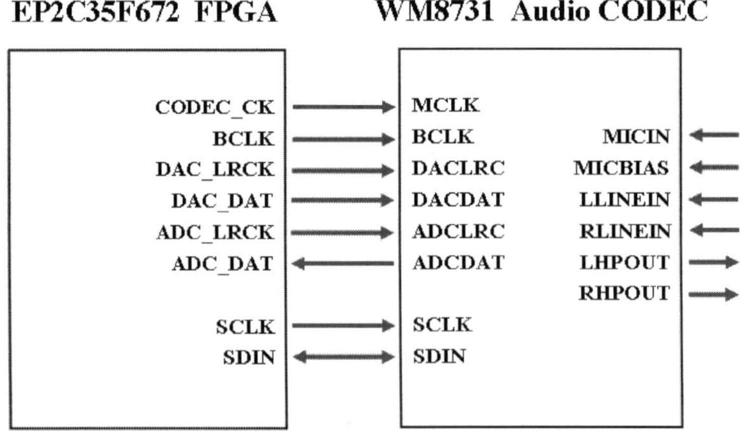

## ⑥ Verilog HDL 프로그램

• 파일명 : audio.v

```verilog
module audio(CLK_27M, BUTTON, TOGGLE, SDAT, SCLK, ADC_LRCK, ADC_DAT,
        DAC_LRCK, DAC_DAT, BCLK, CODEC_CK, LEDR, LEDG);

    input           CLK_27M;                // 27 MHz
    input   [3:0]   BUTTON;                 // Push Button
    input   [7:0]   TOGGLE;                 // Toggle Switch
    input           ADC_DAT;                // CODEC ADC Data
    inout           SDAT;                   // I2C Data
    output          SCLK;                   // I2C Clock
    output          ADC_LRCK, DAC_LRCK;     // CODEC ADC/DAC LR Clock
    output          DAC_DAT;                // CODEC DAC Data
    output  reg     BCLK;                   // CODEC Bit Clock
    output  reg     CODEC_CK;               // CODEC Chip Clock
    output  [7:0]   LEDR, LEDG;

    parameter       REF_CLK = 18432000;     // 18.432 MHz
    parameter       SAMPLE_RATE = 48000;    // 48 kHz
    parameter       DATA_WIDTH = 16; // 16 Bits
    parameter       CHANNEL_NUM = 2;        // Dual Channel
    parameter       SIN_SAMPLE_DATA = 48;

    parameter       DO = 2000;
    parameter       RE = 1900;
    parameter       MI = 1805;
    parameter       PA = 1760;
    parameter       SOL = 1675;
    parameter       LA = 1595;
    parameter       SI = 1520;
    parameter       DO1 = 1485;
```

```verilog
        reg         [19:0]      COUNT20;
        reg                     DLY_RST;
        reg         [3:0]       BCK_DIV;
        reg         [8:0]       LRCK_1X_DIV;
        reg                     LRCK_1X;
        reg         [3:0]       SEL_COUNT;
        reg         [11:0]      COUNT12;
        reg                     SIGN;
        reg         [DATA_WIDTH-1:0] SOUND1, SOUND2, SOUND3;
        reg         [1:0]       COUNT2;
        reg         [7:0]       OCTAVE;
        reg         [3:0]       VOL;


        i2c_codec_control u1 (.iCLK(CLK_27M), .iRST_N(BUTTON[0]),
                                .I2C_SCLK(SCLK), .I2C_SDAT(SDAT),
                                .LUT_INDEX(LEDG[7:4]));

// CODEC master clock
        always@(posedge CLK_27M or negedge DLY_RST)
        begin
                if(!DLY_RST)
                        CODEC_CK <= 1'b0;
                else
                        CODEC_CK <= ~CODEC_CK;
        end
// delayed reset (active high)
        always@(posedge CLK_27M)
        begin
                if(COUNT20 != 20'hFFFFF)
                        begin
                        COUNT20 <= COUNT20 + 1;
                        DLY_RST <= 1'b0;
```

```verilog
                        end
            else
                        DLY_RST <= 1'b1;
        end
// CODEC BCLK Generate
        always@(posedge CODEC_CK or negedge DLY_RST)
        begin
            if(!DLY_RST)
                        begin
                        BCK_DIV <= 4'b0000;
                        BCLK <= 1'b0;
                        end
            else
                        begin
                        if(BCK_DIV >=
                            REF_CLK/(SAMPLE_RATE*DATA_WIDTH*CHANNEL_NUM*2)-1)
                                begin
                                BCK_DIV <= 4'b0000;
                                BCLK <= ~BCLK;
                                end
                        else
                                BCK_DIV <= BCK_DIV + 1;
                        end
        end
// CODEC LRCK Generate
        always@(posedge CODEC_CK or negedge DLY_RST)
        begin
            if(!DLY_RST)
                        begin
                        LRCK_1X_DIV <= 9'b000000000;
                        LRCK_1X <= 1'b0;
                        end
```

```verilog
                    else
                        begin
                        if(LRCK_1X_DIV >= REF_CLK/(SAMPLE_RATE*2)-1)
                                begin
                                LRCK_1X_DIV <= 9'b000000000;
                                LRCK_1X <= ~LRCK_1X;
                                end
                        else
                                LRCK_1X_DIV <= LRCK_1X_DIV + 1;
                        end
            end


            assign    ADC_LRCK = LRCK_1X;
            assign    DAC_LRCK = LRCK_1X;
// Toggle switch input
            always@(negedge BCLK or negedge DLY_RST)
            begin
                    if(!DLY_RST)
                            OCTAVE <= 8'b00000000;
                    else
                            if (|TOGGLE)
                                    OCTAVE <= TOGGLE;
            end
// Frequency generate
            always@(posedge BCLK or negedge DLY_RST)
            begin
                    if(!DLY_RST)
                            COUNT12 <= 12'h000;
                    else
                            begin
                            if(OCTAVE==8'b00000001)
                                    begin
```

```verilog
                        if(COUNT12==DO)
                                COUNT12 <= 12'h000;
                        else
                                COUNT12 <= COUNT12 + 1;
                end
        else if(OCTAVE==8'b00000010)
                begin
                        if(COUNT12==RE)
                                COUNT12 <= 12'h000;
                        else
                                COUNT12 <= COUNT12 + 1;
                end
        else if(OCTAVE==8'b00000100)
                begin
                        if(COUNT12==MI)
                                COUNT12 <= 12'h000;
                        else
                                COUNT12 <= COUNT12 + 1;
                end
        else if(OCTAVE==8'b00001000)
                begin
                        if(COUNT12==PA)
                                COUNT12 <= 12'h000;
                        else
                                COUNT12 <= COUNT12 + 1;
                end
        else if(OCTAVE==8'b00010000)
                begin
                        if(COUNT12==SOL)
                                COUNT12 <= 12'h000;
                        else
                                COUNT12 <= COUNT12 + 1;
```

```verilog
                                end
                        else if(OCTAVE==8'b00100000)
                                begin
                                if(COUNT12==LA)
                                        COUNT12 <= 12'h000;
                                else
                                        COUNT12 <= COUNT12 + 1;
                                end
                        else if(OCTAVE==8'b01000000)
                                begin
                                if(COUNT12==SI)
                                        COUNT12 <= 12'h000;
                                else
                                        COUNT12 <= COUNT12 + 1;
                                end
                        else if(OCTAVE==8'b10000000)
                                begin
                                if(COUNT12==DO1)
                                        COUNT12 <= 12'h000;
                                else
                                        COUNT12 <= COUNT12 + 1;
                                end
                        end
                end

        assign LEDR = OCTAVE;
// Gain
        always@(negedge BCLK or negedge DLY_RST)
        begin
                if(!DLY_RST)
                        begin
                        SOUND1 <= 0;
```

```verilog
                        SOUND2 <= 0;
                        SOUND3 <= 0;
                        SIGN <= 1'b0;
                    end
            else
                begin
                if(COUNT12==12'h001)
                        begin
                        SOUND1 <= (SIGN==1'b1)? 32768+29000:32768-29000;
                        SOUND2 <= (SIGN==1'b1)? 32768+16000:32768-16000;
                        SOUND3 <= (SIGN==1'b1)? 32768+3000:32768-3000;
                        SIGN <= ~SIGN;
                        end
                end
    end

    always@(negedge BUTTON[3] or negedge DLY_RST)
    begin
            if(!DLY_RST)
                    COUNT2 <= 2'b00;
            else
                    COUNT2 <= COUNT2 + 1;
    end
// 16 Bits PISO / MSB First
    always@(negedge BCLK or negedge DLY_RST)
    begin
            if(!DLY_RST)
                    SEL_COUNT <= 4'b0000;
            else
                    SEL_COUNT <= SEL_COUNT + 1;
    end
    assign    DAC_DAT = (COUNT2==2'd1) ? SOUND1[~SEL_COUNT] :
```

```verilog
                              (COUNT2==2'd2) ? SOUND2[~SEL_COUNT] :
                              (COUNT2==2'd3) ? SOUND3[~SEL_COUNT] : 1'b0;


        always @(COUNT2)
        begin
                case(COUNT2)
                        0 :        VOL <= 4'b0000;
                        1 :        VOL <= 4'b0001;
                        2 :        VOL <= 4'b0011;
                        3 :        VOL <= 4'b1111;
                        default: VOL <= 4'b0000;
                endcase
        end
        assign LEDG[3:0] = VOL;
endmodule



//////////   I2C CODEC Control transmit/receive   //////////
module i2c_codec_control (iCLK, iRST_N, I2C_SCLK, I2C_SDAT, LUT_INDEX);
        input                   iCLK, iRST_N;
        inout                   I2C_SDAT;
        output                  I2C_SCLK;
        output        [3:0]     LUT_INDEX;


        reg           [15:0]    mI2C_CLK_DIV;
        reg           [23:0]    mI2C_DATA;
        reg                     mI2C_CTRL_CLK, mI2C_SCLK;
        reg                     mI2C_GO, mI2C_END;
        reg           [2:0]     mSetup_ST;
        reg           [15:0]    LUT_DATA;
        reg           [3:0]     LUT_INDEX;
        reg           [23:0]    SD;
```

```verilog
reg        [5:0]    SD_COUNT;
reg                 SDO;
reg        [2:0]    ACK;


wire                I2C_SCLK = mI2C_SCLK |
                    (((SD_COUNT>=4)&&(SD_COUNT<=30)) ? ~mI2C_CTRL_CLK : 0);
wire                I2C_SDAT = SDO ? 1'bz : 0;
wire                mI2C_ACK = ACK[0] | ACK[1] | ACK[2];


parameter           CLK_Freq = 50000000;              // 50 MHz
parameter           I2C_Freq = 20000;          // 20 kHz
parameter           LUT_SIZE = 11;


always@(posedge iCLK or negedge iRST_N)
begin
        if(!iRST_N)
                begin
                mI2C_CTRL_CLK <= 1'b0;
                mI2C_CLK_DIV <= 16'h0000;
                end
        else
                begin
                if(mI2C_CLK_DIV < (CLK_Freq/I2C_Freq))
                        mI2C_CLK_DIV <= mI2C_CLK_DIV + 1;
                else
                        begin
                        mI2C_CLK_DIV <= 16'h0000;
                        mI2C_CTRL_CLK <= ~mI2C_CTRL_CLK;
                        end
                end
end
```

```verilog
        always@(negedge iRST_N or negedge mI2C_CTRL_CLK)
        begin
                if (!iRST_N)
                        SD_COUNT <= 6'b111111;
                else
                        begin
                        if (mI2C_GO == 1'b0)
                                SD_COUNT <= 6'b000000;
                        else if (SD_COUNT < 6'b111111)
                                SD_COUNT <= SD_COUNT + 1;
                        end
        end
// I2C Frame
        always@(negedge iRST_N or posedge mI2C_CTRL_CLK)
        begin
                if (!iRST_N)
                        begin
                        mI2C_SCLK <= 1'b1;
                        SD <= 24'h000000;
                        SDO <= 1'b1;
                        ACK <= 3'b000;
                        mI2C_END <= 1'b1;
                        end
                else
                        begin
                        case (SD_COUNT)
                                6'd0  : begin
                                        ACK <= 3'b000;
                                        mI2C_END <= 1'b0;
                                        SDO <= 1'b1;
                                        mI2C_SCLK <= 1'b1;
                                        end
```

```verilog
6'd1  : begin                           //start
               SD <= mI2C_DATA;
               SDO <= 1'b0;
           end
6'd2  : mI2C_SCLK <= 1'b0;
6'd3  : SDO <= SD[23];                   //SLAVE ADDR
6'd4  : SDO <= SD[22];
6'd5  : SDO <= SD[21];
6'd6  : SDO <= SD[20];
6'd7  : SDO <= SD[19];
6'd8  : SDO <= SD[18];
6'd9  : SDO <= SD[17];
6'd10 : SDO <= SD[16];
6'd11 : SDO <= 1'b1;                     //ACK
6'd12 : begin                           //SUB ADDR
               SDO <= SD[15];
               ACK[0] <= I2C_SDAT;
           end
6'd13 : SDO <= SD[14];
6'd14 : SDO <= SD[13];
6'd15 : SDO <= SD[12];
6'd16 : SDO <= SD[11];
6'd17 : SDO <= SD[10];
6'd18 : SDO <= SD[9];
6'd19 : SDO <= SD[8];
6'd20 : SDO <= 1'b1;                     //ACK
6'd21 : begin                           //DATA
               SDO <= SD[7];
               ACK[1] <= I2C_SDAT;
           end
6'd22 : SDO <= SD[6];
6'd23 : SDO <= SD[5];
```

```verilog
                                6'd24 : SDO <= SD[4];
                                6'd25 : SDO <= SD[3];
                                6'd26 : SDO <= SD[2];
                                6'd27 : SDO <= SD[1];
                                6'd28 : SDO <= SD[0];
                                6'd29 : SDO <= 1'b1;                    //ACK
                                6'd30 : begin                          //stop
                                        SDO <= 1'b0;
                                        mI2C_SCLK <= 1'b0;
                                        ACK[2] <= I2C_SDAT;
                                        end
                                6'd31 : mI2C_SCLK <= 1'b1;
                                6'd32 : begin
                                        SDO <= 1'b1;
                                        mI2C_END <= 1'b1;
                                        end
                        endcase
                        end
                end
// Configure Control
        always@(negedge mI2C_CTRL_CLK or negedge iRST_N)
        begin
                if(!iRST_N)
                        begin
                        LUT_INDEX <= 4'b0000;
                        mSetup_ST <= 3'b000;
                        mI2C_GO <= 1'b0;
                        mI2C_DATA <= 24'h000000;
                        end
                else
                        begin
                        if(LUT_INDEX < LUT_SIZE)
```

```verilog
                    begin
                    case(mSetup_ST)
                         0 :      begin
                                  mI2C_DATA <= {8'h34,LUT_DATA};
                                  mI2C_GO <= 1'b1;
                                  mSetup_ST <= 1;
                                  end
                         1 :      begin
                                  if(mI2C_END)
                                       begin
                                       mI2C_GO <= 1'b0;
                                       if(!mI2C_ACK)
                                               mSetup_ST <= 2;
                                       else
                                               mSetup_ST <= 0;
                                       end
                                  end
                         2 :      begin
                                  LUT_INDEX <= LUT_INDEX + 1;
                                  mSetup_ST <= 0;
                                  end
                    endcase
                    end
               end
          end
// Audio Configure Data
     always @(LUT_INDEX)
     begin
          case(LUT_INDEX)
               0 :      LUT_DATA <= 16'h0000;               //Dummy_DATA
               1 :      LUT_DATA <= 16'h001A;               //SET_LIN_L
               2 :      LUT_DATA <= 16'h021A;               //SET_LIN_R
```

```
             3 :          LUT_DATA <= 16'h047B;              //SET_HEAD_L
             4 :          LUT_DATA <= 16'h067B;              //SET_HEAD_R
             5 :          LUT_DATA <= 16'h08F8;              //A_PATH_CTRL
             6 :          LUT_DATA <= 16'h0A06;              //D_PATH_CTRL
             7 :          LUT_DATA <= 16'h0C00;              //POWER_ON
             8 :          LUT_DATA <= 16'h0E01;              //SET_FORMAT
             9 :          LUT_DATA <= 16'h1002;              //SAMPLE_CTRL
            10 :          LUT_DATA <= 16'h1201;              //SET_ACTIVE
            default: LUT_DATA <= 16'h0000;
        endcase
    end
endmodule
```

## ⑦ 실습 절차

실습은 24-bit Audio 제어회로를 설계하고 시뮬레이션한 후, FPGA 실습보드의 토글 스위치와 LED 표시기를 통해 입출력을 확인한다.

① File → New Project Wizard 메뉴에서 "audio"라는 이름을 사용하여 새로운 프로젝트를 생성한다.

② 이때 Device는 Cyclone Ⅱ 패밀리의 "EP2C35F672C6" 디바이스를 설정한다.

③ File→New 메뉴로부터 회로 편집기인 Schematic File을 열고 회로를 입력한 후, "audio.bdf"라는 이름으로 저장한다. 또는 File → New 메뉴로부터 문서 편집기인 Verilog HDL File을 열고 Verilog HDL 프로그램을 작성한 후, "audio.v"라는 이름으로 저장한다.

④ Project → Add Files in Project 메뉴를 이용하여 "audio.bdf" 또는 "audio.v" 파일을 추가한다.

⑤ Processing → Start Compilation 메뉴를 이용하여 회로를 컴파일하고, 설계 오류를 수정한다.

⑥ Assignments → Assignment Editor 메뉴를 클릭하고 Pin 카테고리를 선택한 후, 다음 페이지에 있는 내용으로 Pin 번호를 할당하고 저장한다.

⑦ 다시 컴파일을 수행한다.

⑧ File → New 메뉴로부터 Other Files 탭의 Vector Waveform File을 선택하여 시뮬레이션 입

력파형을 생성한 후, "audio.vwf"라는 이름으로 저장한다. 이때 Edit → End Time 메뉴를 눌러 시뮬레이션 Run time을 설정한다.

⑨ Processing → Start Simulation 메뉴를 클릭하여 시뮬레이션을 Run하고, 출력 파형의 동작을 검증한다.

⑩ USB Blaster를 이용하여 FPGA 실습보드를 PC USB 포트에 연결하고 전원을 넣는다.

⑪ Tools→Programmer를 이용하여 "audio.sof" 파일을 다운로드하고, 입력 스위치 및 7-Segment 표시기로 동작을 확인한다. 이때 실습보드의 RUN/PROG 스위치는 RUN으로 설정되어 있어야 한다.

## ⑧ 시뮬레이션 입출력파형

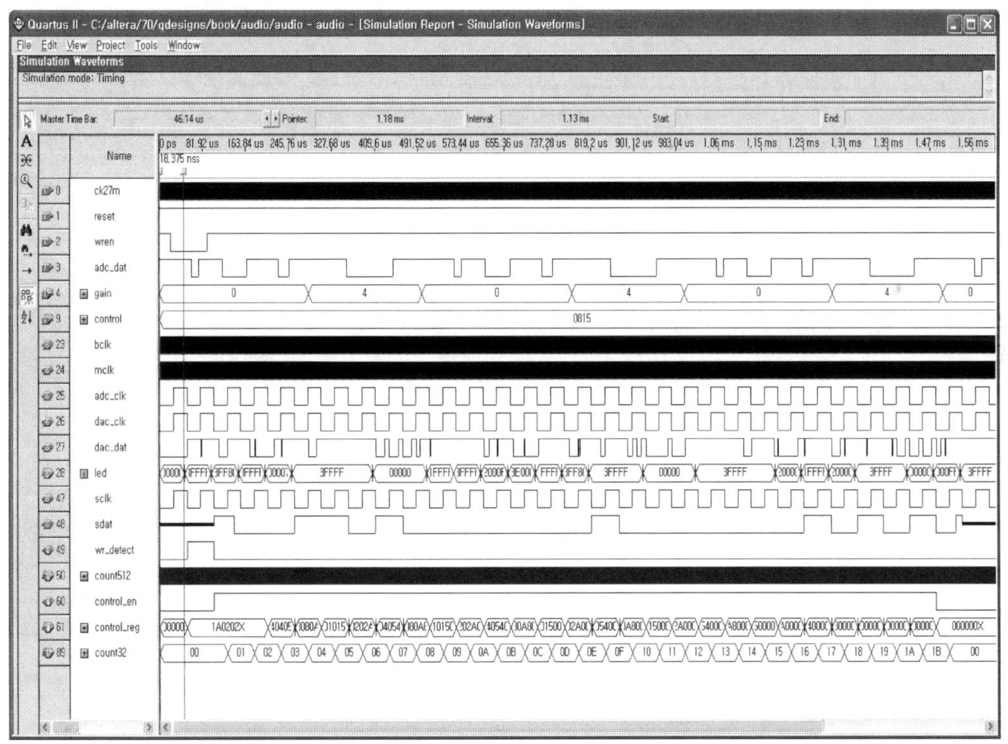

## ⑨ Pin 할당

| 신호명 | Pin 번호 | 입출력 |
| --- | --- | --- |
| CLK_27M | PIN_D13 | input |
| ADC_DAT | PIN_B5 | input |
| BUTTON[0] | PIN_G26 | input |
| BUTTON[1] | PIN_N23 | input |
| BUTTON[2] | PIN_P23 | input |
| BUTTON[3] | PIN_W26 | input |
| TOGGLE[0] | PIN_N25 | input |
| TOGGLE[1] | PIN_N26 | input |
| TOGGLE[2] | PIN_P25 | input |
| TOGGLE[3] | PIN_AE14 | input |
| TOGGLE[4] | PIN_AF14 | input |
| TOGGLE[5] | PIN_AD13 | input |
| TOGGLE[6] | PIN_AC13 | input |
| TOGGLE[7] | PIN_C13 | input |
| CODEC_CK | PIN_A5 | output |
| BCLK | PIN_B4 | output |
| ADC_CLK | PIN_C5 | output |
| DAC_CLK | PIN_C6 | output |
| DAC_DAT | PIN_A4 | output |
| SCLK | PIN_B6 | output |
| SDAT | PIN_A6 | inout |

| 신호명 | Pin 번호 | 입출력 |
| --- | --- | --- |
| LEDR[0] | PIN_AE23 | output |
| LEDR[1] | PIN_AF23 | output |
| LEDR[2] | PIN_AB21 | output |
| LEDR[3] | PIN_AC22 | output |
| LEDR[4] | PIN_AD22 | output |
| LEDR[5] | PIN_AD23 | output |
| LEDR[6] | PIN_AD21 | output |
| LEDR[7] | PIN_AC21 | output |
| LEDG[0] | PIN_AE22 | output |
| LEDG[1] | PIN_AF22 | output |
| LEDG[2] | PIN_W19 | output |
| LEDG[3] | PIN_V18 | output |
| LEDG[4] | PIN_U18 | output |
| LEDG[5] | PIN_U17 | output |
| LEDG[6] | PIN_AA20 | output |
| LEDG[7] | PIN_Y18 | output |

⑩ 연습문제

다음과 같은 기능을 수행하는 회로를 설계하라.

- 두 옥타브의 음계를 표현할 수 있는 Audio 출력회로
- 볼륨을 8 단계로 세밀하게 조절할 수 있는 Audio 출력회로

# 실습 14



# VGA 제어기

# 14   VGA 제어기

본 실습에서는 CRT 모니터에 화상을 표시할 수 있는 VGA 제어회로를 설계하고 시뮬레이션한 후, FPGA 구현을 통해 동작을 검증한다.

## ① 실습 목표

- VGA 화면구성 이론을 배운다.
- 10-bit VGA 제어회로의 구성과 설계방법을 익힌다.
- 시뮬레이션을 통하여 VGA 화면의 동작원리를 파악한다.
- FPGA 실습보드에 VGA 제어회로를 구현하고 동작을 확인한다.

## ② 실습 준비물

- Altera의 Quartus Ⅱ 설계도구
- Altera의 DE2 FPGA 실습보드
- USB Blaster

## ③ 사용 디바이스

- FPGA 종류 : Cyclone Ⅱ 계열의 EP2C35F672C6
- Video DAC : Analog Devices의 ADV7123
- 데이터 입력장치 : Pushbutton 스위치
- 출력 표시장치 : CRT 모니터

## ④ 동작 원리

PC의 디스플레이 장치에 대한 규격으로 IBM은 1981년에 CGA(Color Graphics Adapter)를 발표하였는데, CGA는 320×200의 해상도에 4가지 색상을 표현할 수 있다. CGA는 간단한 게임에는 적당하였지만, 워드프로세싱이나 전자출판 등에는 미흡한 해상도였다.

1984년에 IBM은 640×350의 해상도에 16가지 색상을 표현할 수 있도록 개선된 EGA(Enhanced Graphics Adapter)를 발표하였다. EGA는 더 좋은 성능으로 인해 CGA보다 텍스트를 쉽게 읽을 수 있지만, 그래픽 디자인과 같은 고급 응용프로그램에는 충분하지 않은 해상도였다.

1987년에 IBM은 VGA(Video Graphics Array)를 발표하였고, 이것은 많은 PC 제작업체들에게 최소한의 표준으로 받아들여졌다. 오늘날 많은 종류의 VGA 모니터가 사용되고 있으며, 모든 IBM PC 호환기종은 VGA 표준을 지원한다. VGA는 640×480의 해상도에서 16색, 320×200의 해상도에서는 256색까지 표현할 수 있다.

1989년에 IBM은 XGA(Extended Graphics Array)를 발표했다. 이어 1992년에 후속 버전으로 발표한 XGA-2는 800×600의 해상도에서 트루컬러, 즉 1,600만개의 색을 표현할 수 있고, 더 높은 1,024×768의 해상도에서는 65,536가지의 색을 표현할 수 있다.

현재 사용하고 있는 PC의 디스플레이는 대부분 SVGA(Super VGA) 급이다. SVGA 디스플레이는 최대 1,600만 색까지의 팔레트를 지원한다. 이미지 해상도의 규격도 모니터 크기에 따라 달라지는데, 모니터의 크기가 클수록 수평 및 수직 방향으로 더 많은 픽셀을 표시할 수 있다. 14인치 SVGA 모니터의 경우 800×600 픽셀을 표현할 수 있지만, 20인치 이상의 대형 모니터들은 1,280×1,024 또는 1,600×1,200 픽셀까지 표현할 수 있다.

| 규격 | 명칭 | 해상도 | 색상수 |
| --- | --- | --- | --- |
| CGA | Color Graphics Adapter | 320×200 | 4 |
| EGA | Enhanced Graphics Adapter | 640×350 | 16 |
| VGA | Video Graphics Array | 640×480<br>320×200 | 16<br>256 |
| XGA-2 | Extended Graphics Array-2 | 800×600<br>1024×768 | 1,600만(자연색)<br>65,536 |
| SVGA | Super VGA | 1,280×1,024 | 1,600만 |

화면을 자세히 보면 수많은 작은 점들로 구성되어 있는 것을 볼 수 있다. 이러한 각각의 점들을 픽셀(pixel)이라 하며, 화면을 나타내는 기본 요소이다. 픽셀은 적색, 녹색, 청색 등 3개의 인광물질로 코팅되어 있으며, 이 픽셀에 전자광선(beam)을 쏘면 발광하여 그 점의 색상을 나타낸다.

모니터 화면을 사용자가 보게 하려면 형광등처럼 1초에 같은 화면을 수십번 반복해서 나타내야 한다. 1초에 가로 선을 주사하는 갯수를 수평 주파수라 하고, 1초에 화면을 반복하여 나타내는 횟수를 수직 주파수 또는 Refresh Rate라 하며, 단위는 Hz이다. 예를 들어 같은 빛을 1초에 60번 반복해서 나타내면 60Hz로서 화면이 약간 깜박거림을 느낄 수 있으며, 이를 방지하기 위해 70Hz 이상의 수직 주파수를 사용하면 깜박임이 없는 화면을 볼 수 있다.

화면의 맨 처음부터 마지막까지 가로 주사선을 순서대로 전부 나타내는 것을 순차주사방식이라 하고, 한 화면에 절반의 주사선, 즉 처음 화면은 홀수 주사선, 다음 화면은 짝수 주사선만의 교대로 나타내는 방식을 비월주사방식이라 한다. 순차주사방식은 화면을 보다 선명하게 나타낼 수 있어 대부분 PC 모니터에서 사용하고, 비월주사방식은 고속 화면을 요구하는 TV에서 사용하고 있다.

디지털 화상 데이터를 아날로그 신호로 변환해주는 ADV7123 DAC는 R, G, B 각각에 대한 10-bit 디지털 데이터를 입력받아 대응하는 아날로그 R, G, B 신호를 만들어낸다. 이때 디지털 데이터는 Clock 신호의 상승 에지(rising edge)에서 플립플롭에 저장된다.

본 실습에서는 640×480 해상도의 VGA 화면을 순차주사방식을 사용하여 70Hz의 리프레쉬율로 표현하고자 한다. 이 화면을 정상적으로 나타내려면 주사선의 수평 및 수직 동기를 맞춰주기 위한 수평동기 및 수직동기 신호가 필요하다. 이 동기신호가 High일 때 RGB 데이터가 출력되고, Low일 때는 데이터를 출력하지 않는다.

주사선의 범위를 다음 그림에서 보여주고 있다.

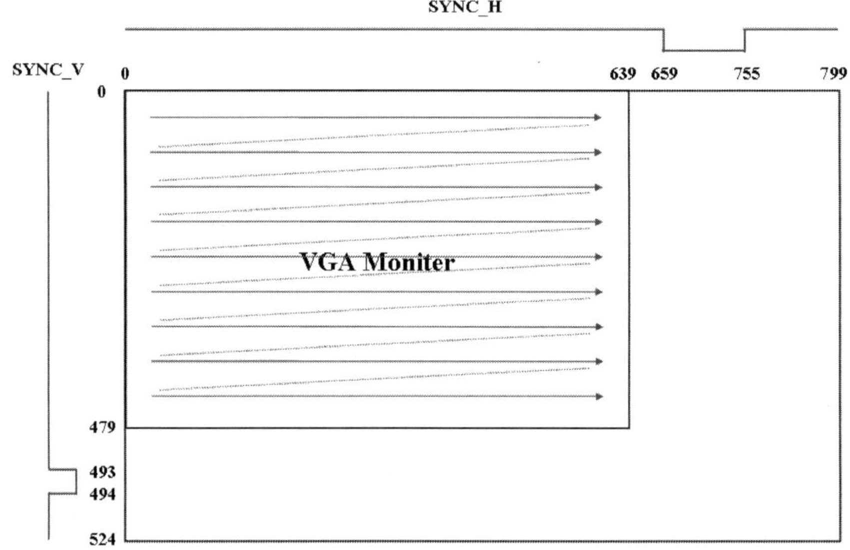


다음은 D-Sub 형태의 15Pin VGA 포트의 구조 및 신호에 대한 설명이다.

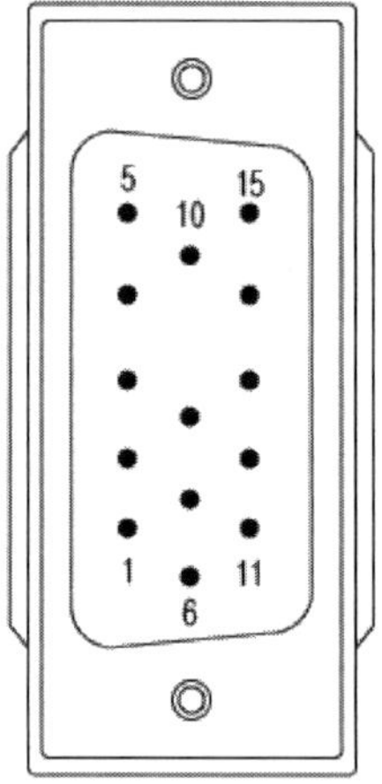

| 핀번호 | 명　칭 | 설　명 |
|---|---|---|
| 1 | Red | Red Video |
| 2 | Green | Green Video |
| 3 | Blue | Blue Video |
| 4 | ID2 | Monitor ID Bit 2 |
| 5 | GND | Ground |
| 6 | RGND | Red Ground |
| 7 | GGND | Green Ground |
| 8 | BGND | Blue Ground |
| 9 | Key | no connection |
| 10 | SGND | Sync Ground |
| 11 | ID0 | Monitor ID Bit 0 |
| 12 | ID1 | Monitor ID Bit 1 |
| 13 | HSYNC | Horizontal Sync |
| 14 | VSYNC | Vertical Sync |
| 15 | ID3 | Monitor ID Bit 3 |

## ⑤ 블록도

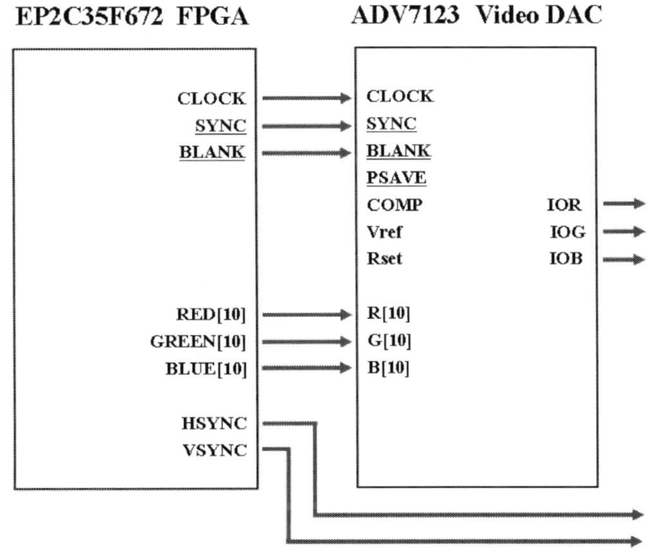

## ⑥ Verilog HDL 프로그램

• 파일명 : vga.v

```verilog
module vga(CK27M, RESET, BLANK_I, REN, GEN, BEN, COLOR, CLOCK, SYNC, BLANK,
        HSYNC, VSYNC, RED, GREEN, BLUE);
        input                   CK27M, RESET;
        input                   BLANK_I, REN, GEN, BEN;
        input           [9:0]   COLOR;
        output                  CLOCK, SYNC, BLANK;
        output                  HSYNC, VSYNC;
        output  reg     [9:0]   RED, GREEN, BLUE;


        reg             SYNC_H, SYNC_V;
        reg     [9:0]   R_DATA, G_DATA, B_DATA;
        integer         H_COUNT;                        // counter 800
        integer         V_COUNT;                        // counter 525
        assign BLANK = BLANK_I;
        assign SYNC = 1'b0;
        assign CLOCK = CK27M;


// RGB data input
        always @(posedge CK27M or negedge RESET)
        begin
                if (RESET == 1'b0)
                        begin
                        R_DATA <= 10'b0000000000;
                        G_DATA <= 10'b0000000000;
                        B_DATA <= 10'b0000000000;
                        end
                else
                        begin
                        if (REN == 1'b0)
```

```verilog
                                R_DATA <= COLOR;
                else if (GEN == 1'b0)
                                G_DATA <= COLOR;
                else if (BEN == 1'b0)
                                B_DATA <= COLOR;
                end
        end
// Horizontal count: 800 / Vertical count: 525
        always @(posedge CK27M or negedge RESET)
        begin
                if (RESET == 1'b0)
                        begin
                        H_COUNT <= 0;
                        V_COUNT <= 0;
                        end
                else
                        begin
                        if (H_COUNT == 799)
                                begin
                                H_COUNT <= 0;
                                if (V_COUNT == 524)
                                        V_COUNT <= 0;
                                else
                                        V_COUNT <= V_COUNT + 1;
                                end
                        else
                                H_COUNT <= H_COUNT + 1;
                        end
        end
// Horizontal Sync / Vertical Sync
        always @(negedge CK27M or negedge RESET)
        begin
```

```verilog
            if (RESET == 1'b0)
                begin
                SYNC_H <= 1'b1;
                SYNC_V <= 1'b1;
                end
        else
                begin
                if ((H_COUNT>658)&&(H_COUNT<756))
                        SYNC_H <= 1'b0;
                else
                        SYNC_H <= 1'b1;
                if ((V_COUNT==493)||(V_COUNT==494))
                        SYNC_V <= 1'b0;
                else
                        SYNC_V <= 1'b1;
                end
    end

    assign HSYNC = SYNC_H;
    assign VSYNC = SYNC_V;

// RGB output
    always @(negedge CK27M or negedge RESET)
    begin
        if (RESET == 1'b0)
                begin
                RED <= 10'b0000000000;
                GREEN <= 10'b0000000000;
                BLUE <= 10'b0000000000;
                end
        else
                begin
```

```verilog
if (V_COUNT>150)
        begin
        if (V_COUNT<200)
          begin
          if ((H_COUNT>200)&&(H_COUNT<400))
            begin
            RED <= R_DATA;
            GREEN <= 10'b0000000000;
            BLUE <= 10'b0000000000;
            end
          else
            begin
            RED <= 10'b1111111111;
            GREEN <= 10'b0000000000;
            BLUE <= 10'b0000000000;
            end
          end
        else if (V_COUNT<250)
          begin
          if ((H_COUNT>200)&&(H_COUNT<400))
            begin
            RED <= 10'b0000000000;
            GREEN <= G_DATA;
            BLUE <= 10'b0000000000;
            end
          else
            begin
            RED <= 10'b0000000000;
            GREEN <= 10'b1111111111;
            BLUE <= 10'b0000000000;
            end
          end
```

```verilog
                              else if (V_COUNT<300)
                                 begin
                                 if ((H_COUNT>200)&&(H_COUNT<400))
                                    begin
                                    RED <= 10'b0000000000;
                                    GREEN <= 10'b0000000000;
                                    BLUE <= B_DATA;
                                    end
                                 else
                                    begin
                                    RED <= 10'b0000000000;
                                    GREEN <= 10'b0000000000;
                                    BLUE <= 10'b1111111111;
                                    end
                                 end
                              else
                                 begin
                                 RED <= R_DATA;
                                 GREEN <= G_DATA;
                                 BLUE <= B_DATA;
                                 end
                              end
                     else
                        begin
                        RED <= 10'b0000000000;
                        GREEN <= 10'b0000000000;
                        BLUE <= 10'b0000000000;
                        end
                     end
            end

   endmodule
```

## ⑦ 실습 절차

실습은 10-bit VGA 제어회로를 설계하고 시뮬레이션한 후, FPGA 실습보드의 푸쉬버튼 스위치와 모니터를 통해 입출력을 확인한다.

① File → New Project Wizard 메뉴에서 "vga"라는 이름을 사용하여 새로운 프로젝트를 생성한다.

② 이때 Device는 Cyclone II 패밀리의 "EP2C35F672C6" 디바이스를 설정한다.

③ File → New 메뉴로부터 회로 편집기인 Schematic File을 열고 회로를 입력한 후, "vga.bdf"라는 이름으로 저장한다. 또는 File → New 메뉴로부터 문서 편집기인 Verilog HDL File을 열고 Verilog HDL 프로그램을 작성한 후, "vga.v"라는 이름으로 저장한다.

④ Project → Add Files in Project 메뉴를 이용하여 "vga.bdf" 또는 "vga.v" 파일을 추가한다.

⑤ Processing → Start Compilation 메뉴를 이용하여 회로를 컴파일하고, 설계 오류를 수정한다.

⑥ Assignments → Assignment Editor 메뉴를 클릭하고 Pin 카테고리를 선택한 후, 다음 페이지에 있는 내용으로 Pin 번호를 할당하고 저장한다.

⑦ 다시 컴파일을 수행한다.

⑧ File → New 메뉴로부터 Other Files 탭의 Vector Waveform File을 선택하여 시뮬레이션 입력파형을 생성한 후, "vga.vwf"라는 이름으로 저장한다. 이때 Edit → End Time 메뉴를 눌러 시뮬레이션 Run time을 설정한다.

⑨ Processing → Start Simulation 메뉴를 클릭하여 시뮬레이션을 Run하고, 출력 파형의 동작을 검증한다.

⑩ USB Blaster를 이용하여 FPGA 실습보드를 PC USB 포트에 연결하고 전원을 넣는다.

⑪ Tools→Programmer를 이용하여 "vga.sof" 파일을 다운로드하고, 입력 스위치 및 7-Segment 표시기로 동작을 확인한다. 이때 실습보드의 RUN/PROG 스위치는 RUN으로 설정되어 있어야 한다.

## ⑧ 시뮬레이션 입출력파형

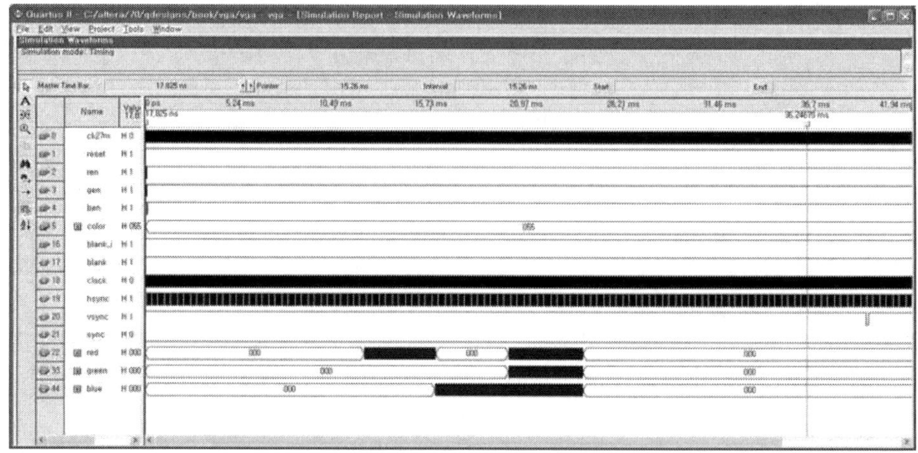

## ⑨ Pin 할당

| 신호명 | Pin 번호 | 입출력 |
|---|---|---|
| CK27M | PIN_D13 | input |
| RESET | PIN_G26 | input |
| REN | PIN_N23 | input |
| GEN | PIN_P23 | input |
| BEN | PIN_W26 | input |
| BLANK_I | PIN_V2 | input |
| COLOR[0] | PIN_N25 | input |
| COLOR[1] | PIN_N26 | input |
| COLOR[2] | PIN_P25 | input |
| COLOR[3] | PIN_AE14 | input |
| COLOR[4] | PIN_AF14 | input |
| COLOR[5] | PIN_AD13 | input |
| COLOR[6] | PIN_AC13 | input |
| COLOR[7] | PIN_C13 | input |
| COLOR[8] | PIN_B13 | input |
| COLOR[9] | PIN_A13 | input |

| 신호명 | Pin 번호 | 입출력 |
|---|---|---|
| CLOCK | PIN_B8 | output |
| SYNC | PIN_B7 | output |
| BLANK | PIN_D6 | output |
| HSYNC | PIN_A7 | output |
| VSYNC | PIN_D8 | output |
| RED[0] | PIN_C8 | output |
| RED[1] | PIN_F10 | output |
| RED[2] | PIN_G10 | output |
| RED[3] | PIN_D9 | output |
| RED[4] | PIN_C9 | output |
| RED[5] | PIN_A8 | output |
| RED[6] | PIN_H11 | output |
| RED[7] | PIN_H12 | output |
| RED[8] | PIN_F11 | output |
| RED[9] | PIN_E10 | output |
| GREEN[0] | PIN_B9 | output |
| GREEN[1] | PIN_A9 | output |
| GREEN[2] | PIN_C10 | output |
| GREEN[3] | PIN_D10 | output |
| GREEN[4] | PIN_B10 | output |
| GREEN[5] | PIN_A10 | output |
| GREEN[6] | PIN_G11 | output |
| GREEN[7] | PIN_D11 | output |
| GREEN[8] | PIN_E12 | output |
| GREEN[9] | PIN_D12 | output |

| 신호명 | Pin 번호 | 입출력 |
| --- | --- | --- |
| BLUE[0] | PIN_J13 | output |
| BLUE[1] | PIN_J14 | output |
| BLUE[2] | PIN_F12 | output |
| BLUE[3] | PIN_G12 | output |
| BLUE[4] | PIN_J10 | output |
| BLUE[5] | PIN_J11 | output |
| BLUE[6] | PIN_C11 | output |
| BLUE[7] | PIN_B11 | output |
| BLUE[8] | PIN_C12 | output |
| BLUE[9] | PIN_B12 | output |

## ⑩ 연습문제

다음과 같은 기능을 수행하는 회로를 설계하라.

- VGA 모니터에 자신의 영문자 성(name)을 표시하는 회로
- VGA 모니터에 순차적으로 숫자를 표시하는 회로

Practice



# DE2 보드 회로도

# 01 DE2 보드 회로도

1) 실습보드 블록도

2) Top 회로

3) Audio 회로

4) LCD 및 LED 회로

5) 7-Segment 회로

6) FPGA(EP2C35F672) 핀 뱅크-1/2

7) FPGA(EP2C35F672) 핀 뱅크-3/4

8) FPGA(EP2C35F672) 핀 뱅크-5/6

9) FPGA(EP2C35F672) 핀 뱅크-7/8

10) FPGA(EP2C35F672) Power 및 Config 핀

11) Ethernet 회로

12) Clock 및 IrDA 회로

13) PS2 및 RS232 회로

14) Button 및 Toggle 스위치 회로

15) 입출력 회로 A

16) 입출력 회로 B

17) SRAM 및 DRAM 회로

18) Flash 및 SD 카드 회로

19) Power 회로

20) USB Blaster

21) USB 디바이스

22) Video 회로

23) VGA 회로

# ① 실습보드 블록도

SW17
SW16
SW15
SW14
SW13
SW12
SW11
SW10
SW9
SW8
SW7
SW6
SW5
SW4
SW3
SW2
SW1
SW0
LEDR17
LEDR16
LEDR15
LEDR14
LEDR13
LEDR12
LEDR11
LEDR10
LEDR9
LEDR8
LEDR7
LEDR6
LEDR5
LEDR4
LEDR3
LEDR2
LEDR1
LEDR0
LEDG7
LEDG6
LEDG5
LEDG4
LEDG3
LEDG2
LEDG1
LEDG0
LEDR8
HEX7
HEX6
HEX5
HEX4
HEX3
HEX2
HEX1
HEX0
KEY3
KEY2
KEY1
KEY0
EPCS16
M3128
FT245
ISP1362
WM8731
ADV7181
ADV7123
DM9000A
LCD MODULE
SDRAM
SRAM
FLASH
EP2C35
DC 9V
USB BLASTER
USB DEVICE
USB HOST
LINE IN
LINE OUT
MIC IN
TV DECODER
VGA OUTPUT
RJ45
RS232
PS2 KEYBORAD
EXT CLK
IrDA
SD CARD
GPIO_0
GPIO_1
Title
ALTERA DE2
Size
B
Document Number
PLACEMENT
Date:
Sunday, July 23, 2006
Sheet
2
of
24
Rev
2.0

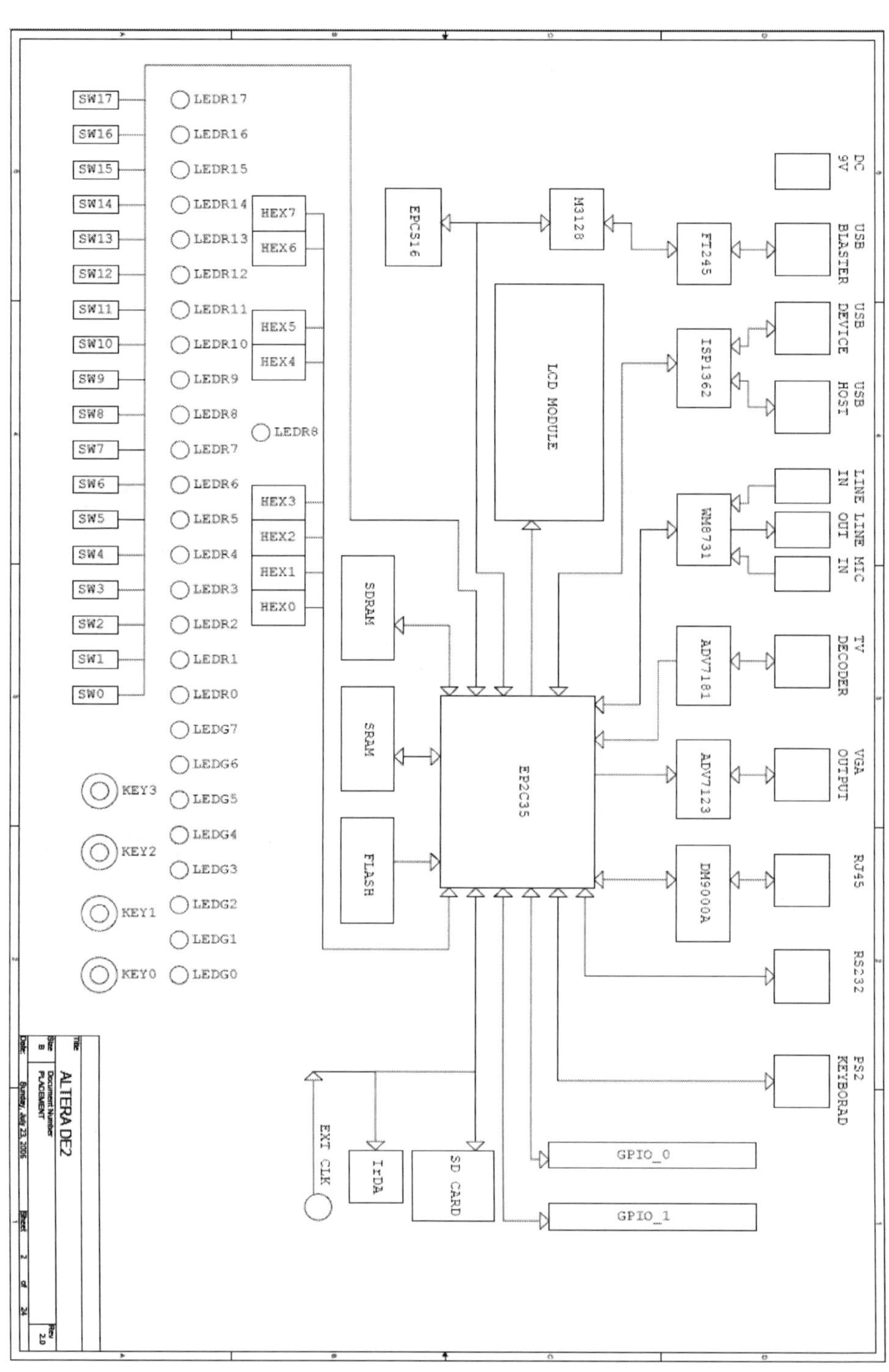

## ② Top 회로

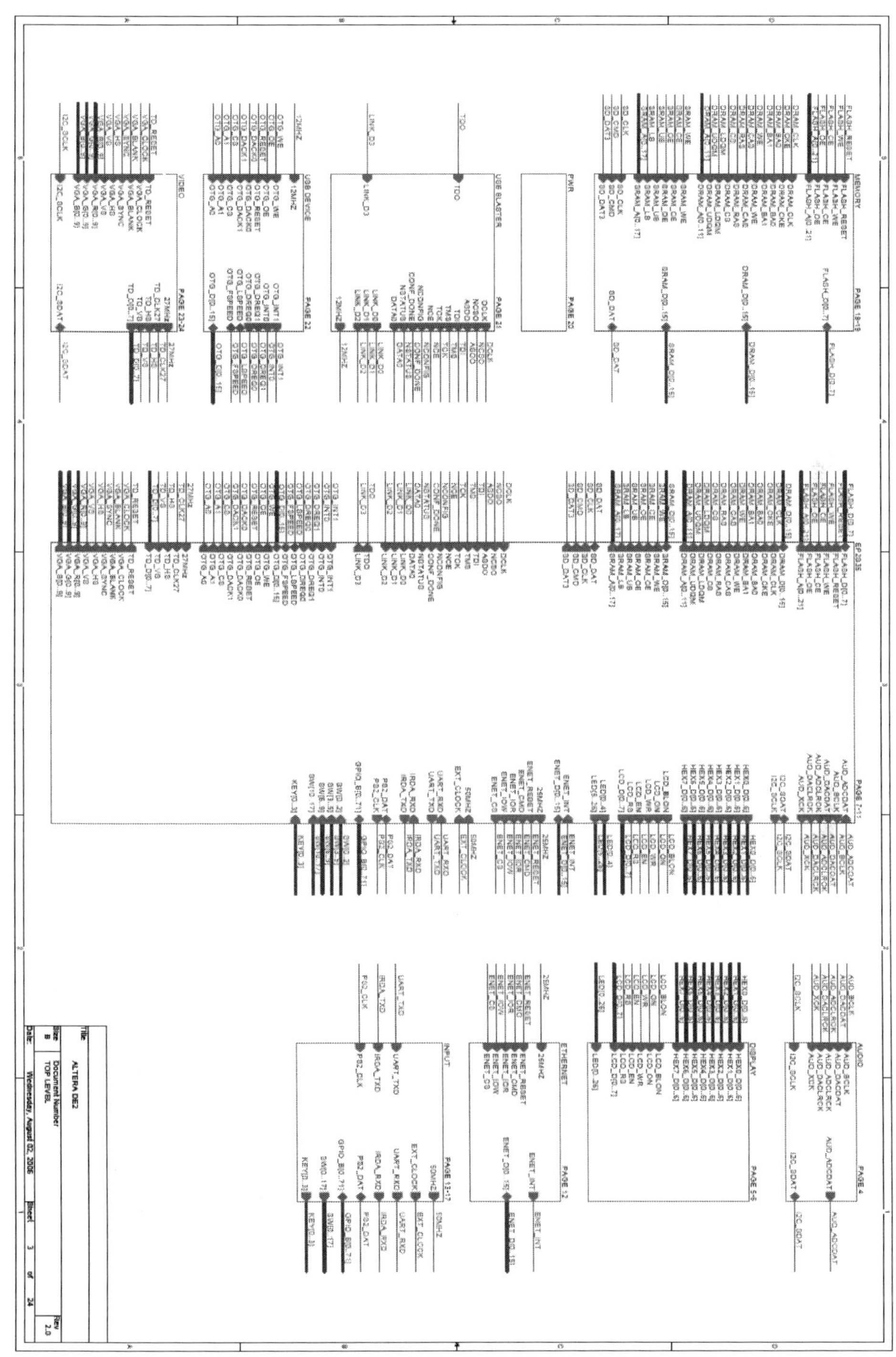

## ③ Audio 회로

I2C ADDRESS READ IS 0x34
I2C ADDRESS WRITE IS 0x35
I2C_SDAT
I2C_SCLK
VCC33 VCC33
R1 2K
R2 2K
A_VCC33
AUD_XCK
AUD_BCLK
AUD_DACLRCK
AUD_DACDAT
AUD_ADCDAT
AUD_ADCLRCK
XTI/MCLK
XTO
DCVDD
DGND
DBVDD
CLKOUT
BCLK
DACDAT
DACLRCK
ADCDAT
ADCLRCK
HPVDD
LHPOUT
RHPOUT
WM8731
U1
SCLK
SDIN
CSB
MODE
LLINEIN
RLINEIN
MICIN
MBIAS
VMID
AGND
AVDD
ROUT
LOUT
HPGND
A_VCC33
L1 BEAD
AGND
BC1 0.1U
BC2 0.1U
BC3 0.1U
BC4 0.1U
A_VCC33
AGND
C5 10U
CA_VCC33
AGND
TC1 100U/6.3V
TC2 100U/6.3V
R8 680
R7 330
C4 1000P
R9 47K
C3 1U
AGND
R10 47K
R11 47K
AGND
C1 1U
C2 1U
R5 4.7K
R6 4.7K
R4 4.7K
R3 4.7K
J3 LINE OUT
NCL
NCR
R
L
GND
PHONE JACK G
AGND
J1 MIC IN
NCL
NCR
R
L
GND
PHONE JACK P
AGND
J2 LINE IN
NCL
NCR
R
L
GND
PHONE JACK B
AGND
Title
ALTERA DE2
Document Number
AUDIO
Size A
Date: Tuesday, July 25, 2006
Sheet 4 of 24
Rev 2.0

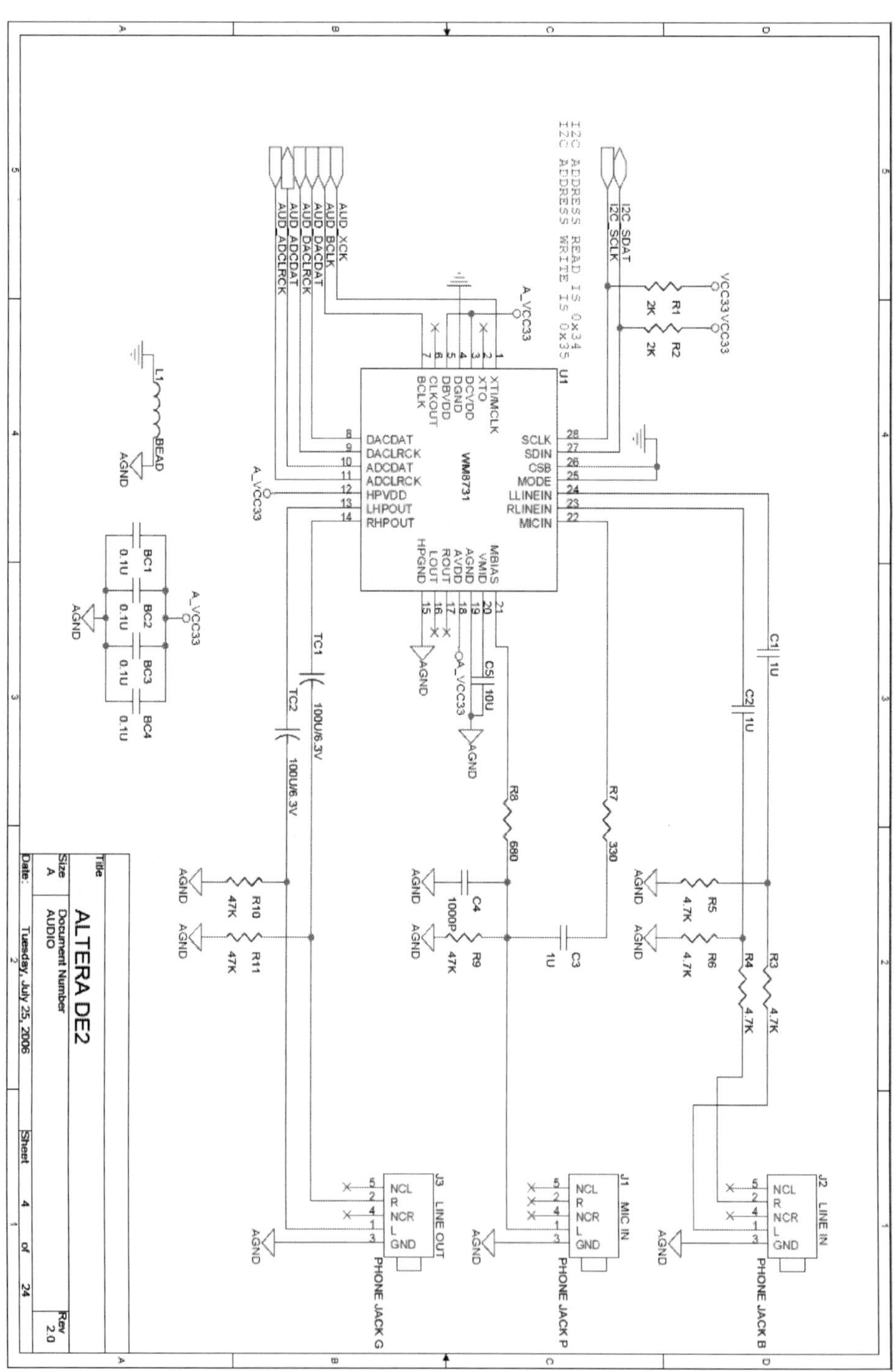

## ④ LCD 및 LED 회로

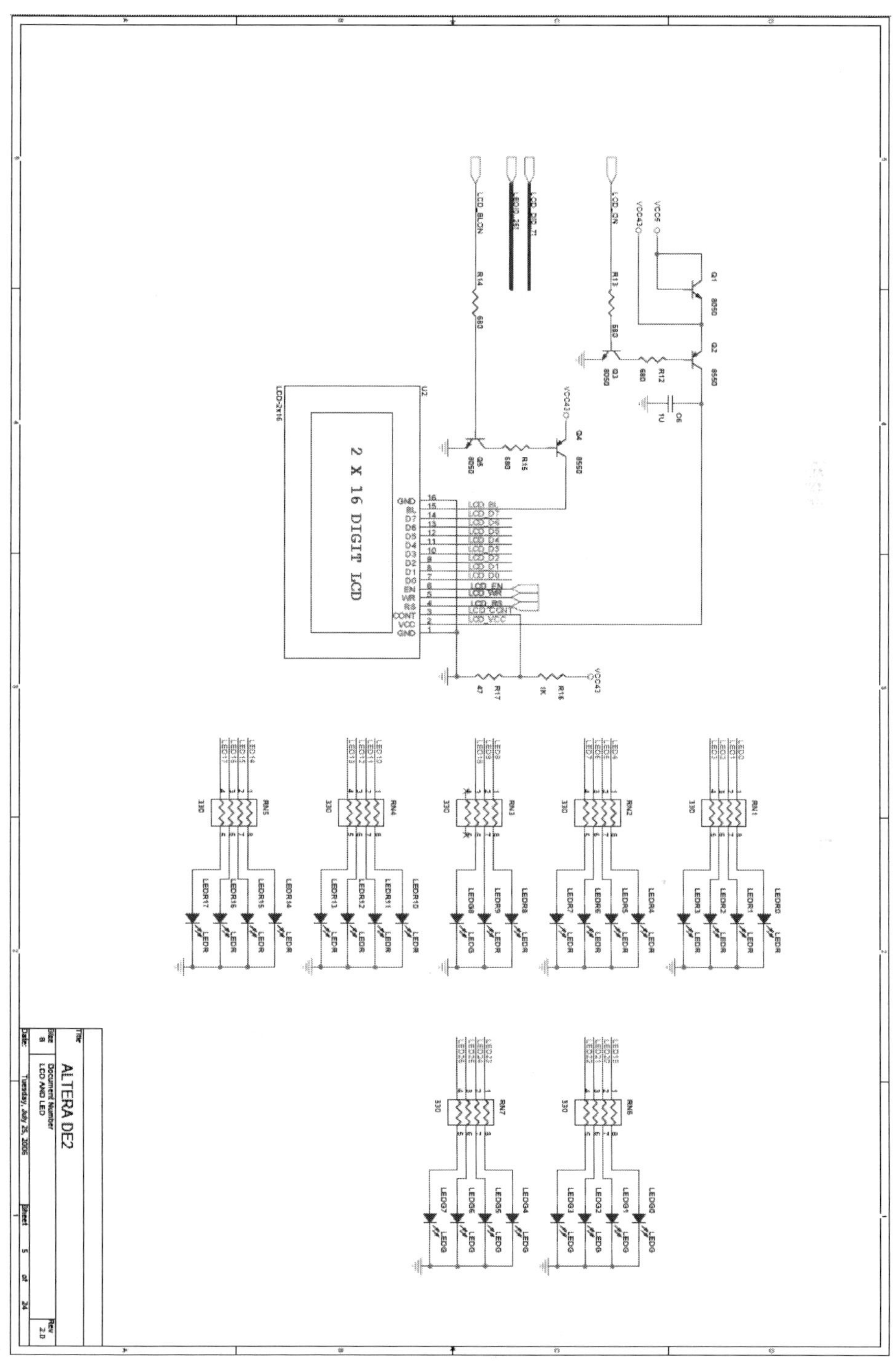

## ⑤ 7-Segment 회로

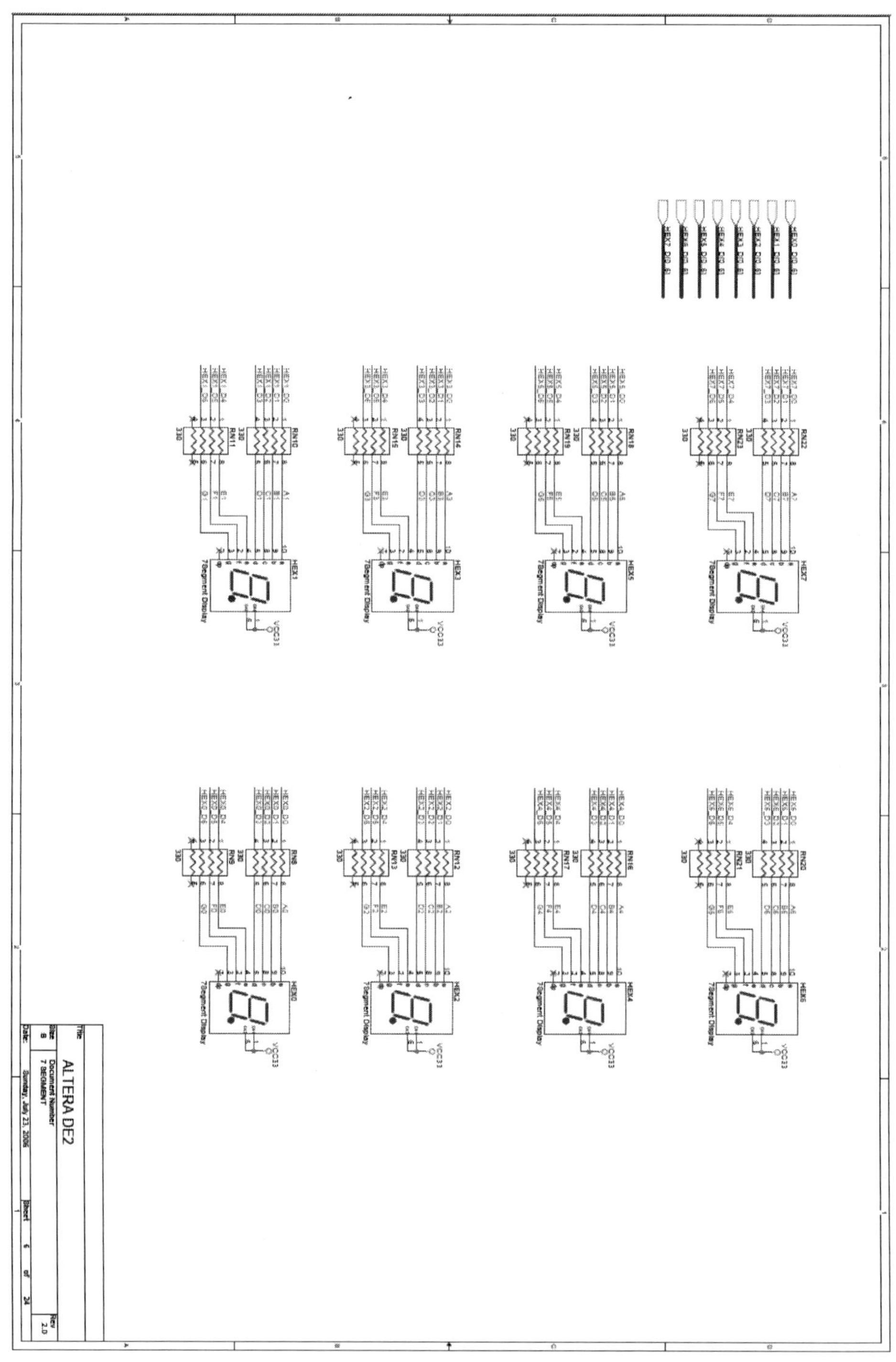

# ⑥ FPGA(EP2C35F672) 핀 뱅크-1/2

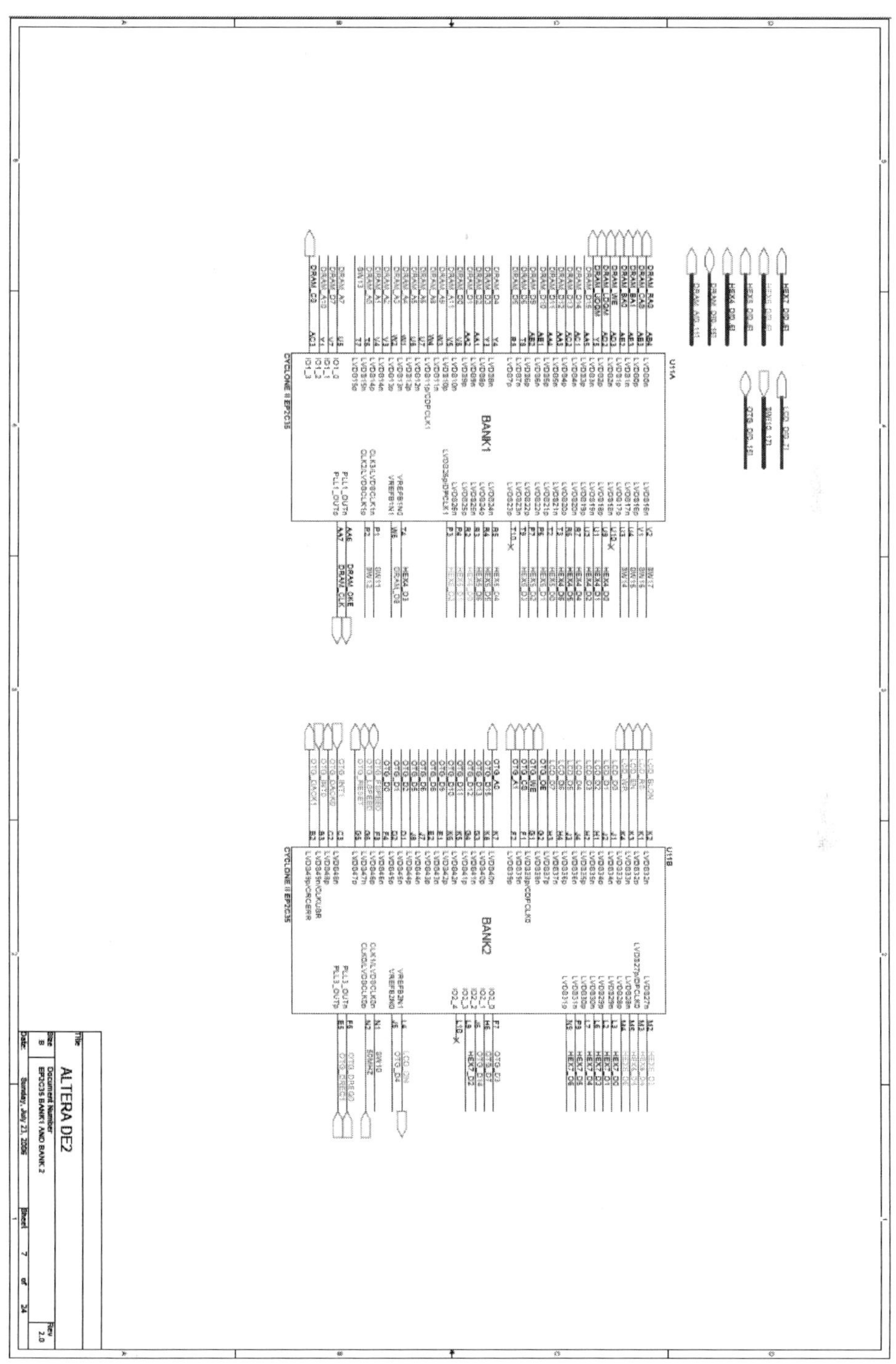

# ⑦ FPGA(EP2C35F672) 핀 뱅크-3/4

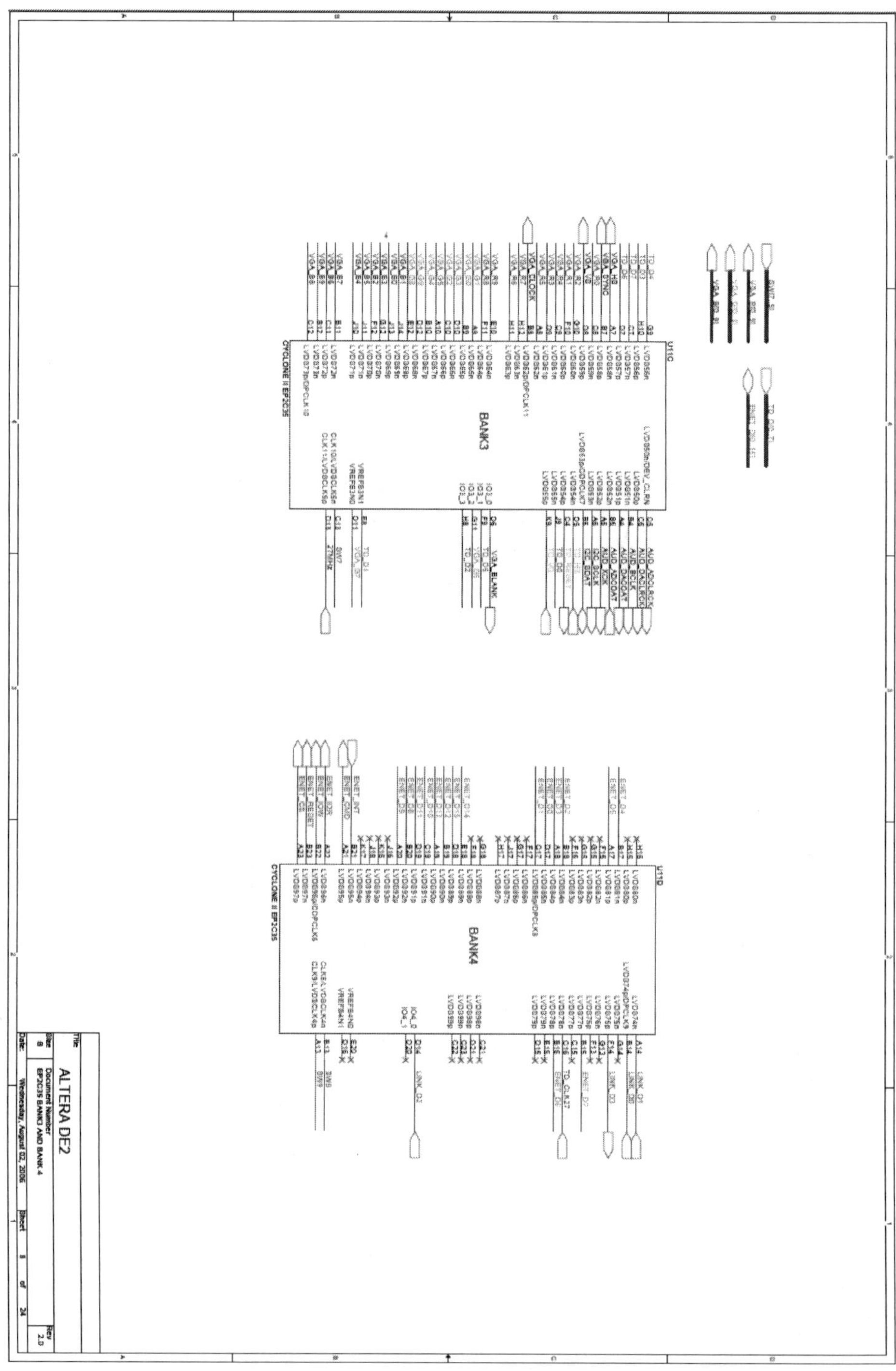

## ⑧ FPGA(EP2C35F672) 핀 뱅크-5/6

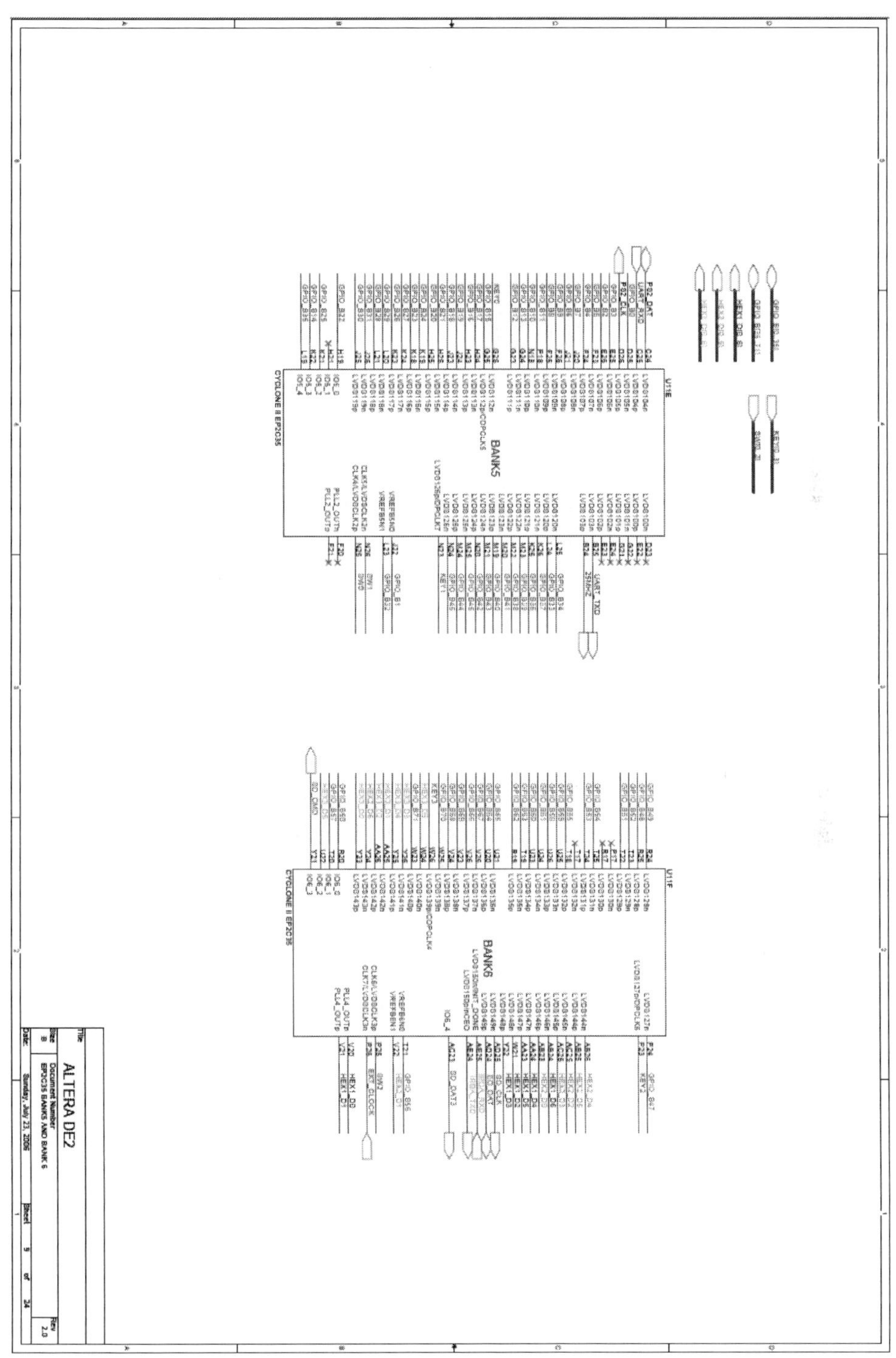

# ⑨ FPGA(EP2C35F672) 핀 뱅크-7/8

# ⑩ FPGA(EP2C35F672) Power 및 Config 핀

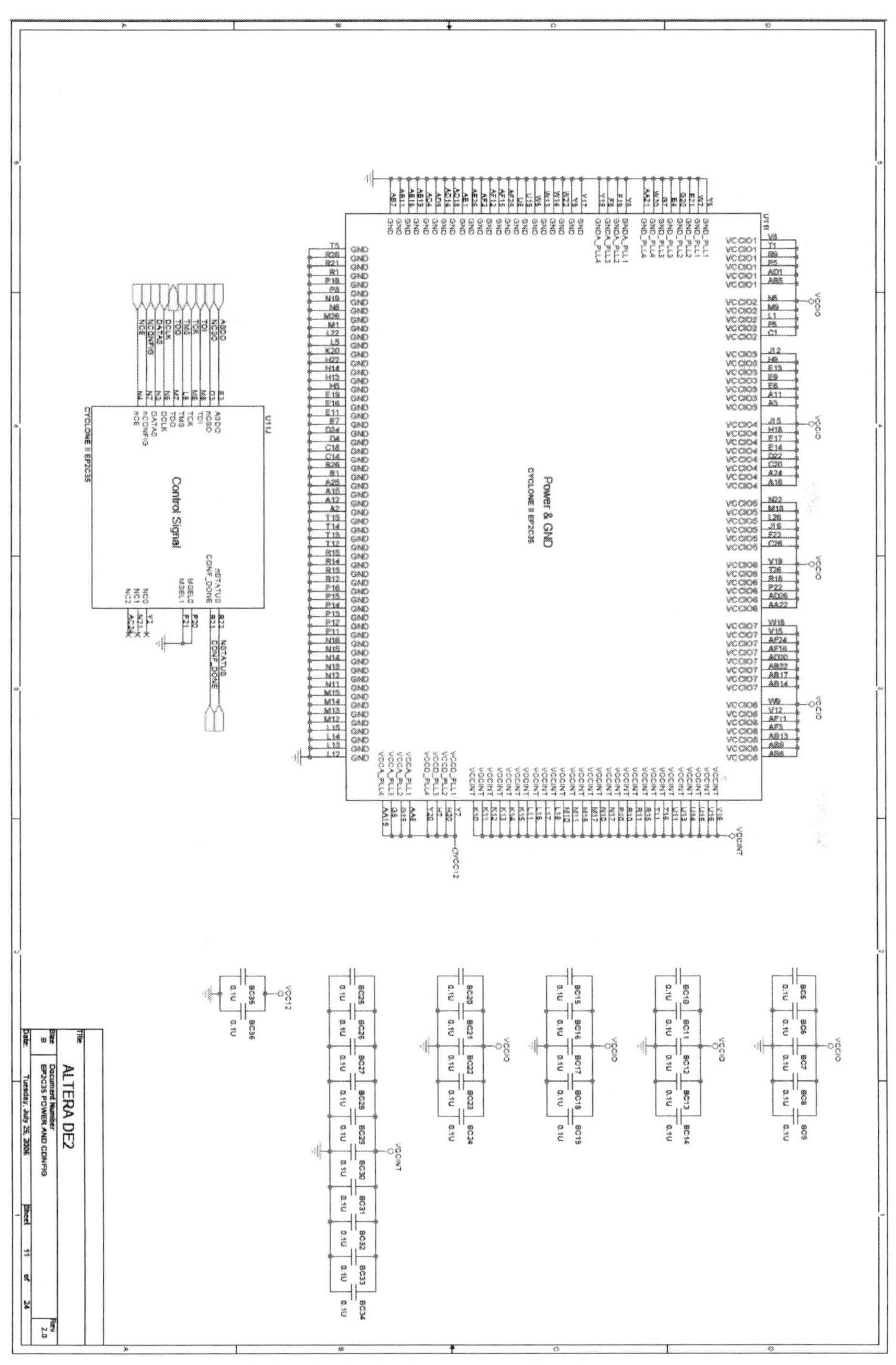

## ⑪ Ethernet 회로

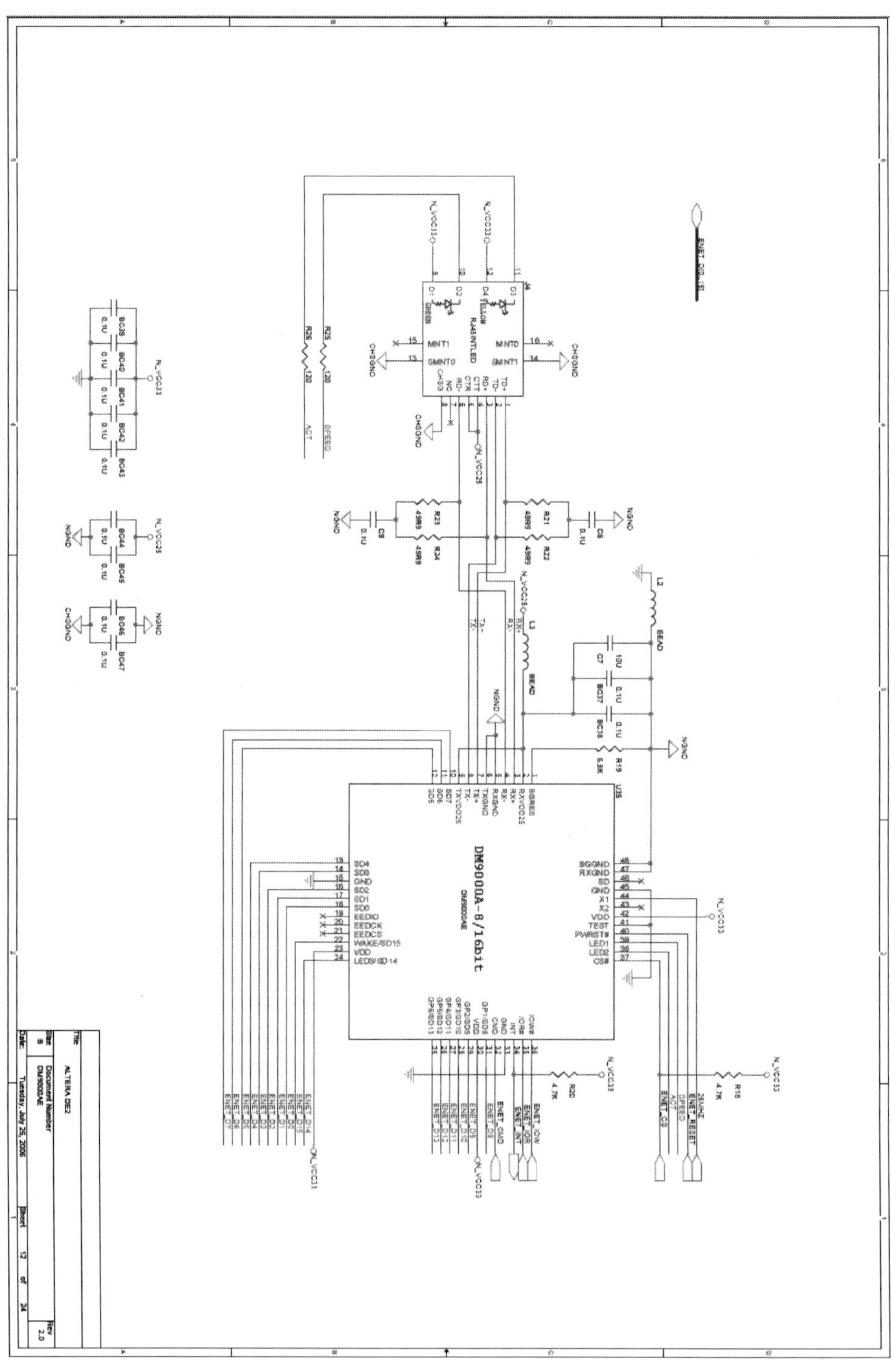

## ⑫ Clock 및 IrDA 회로

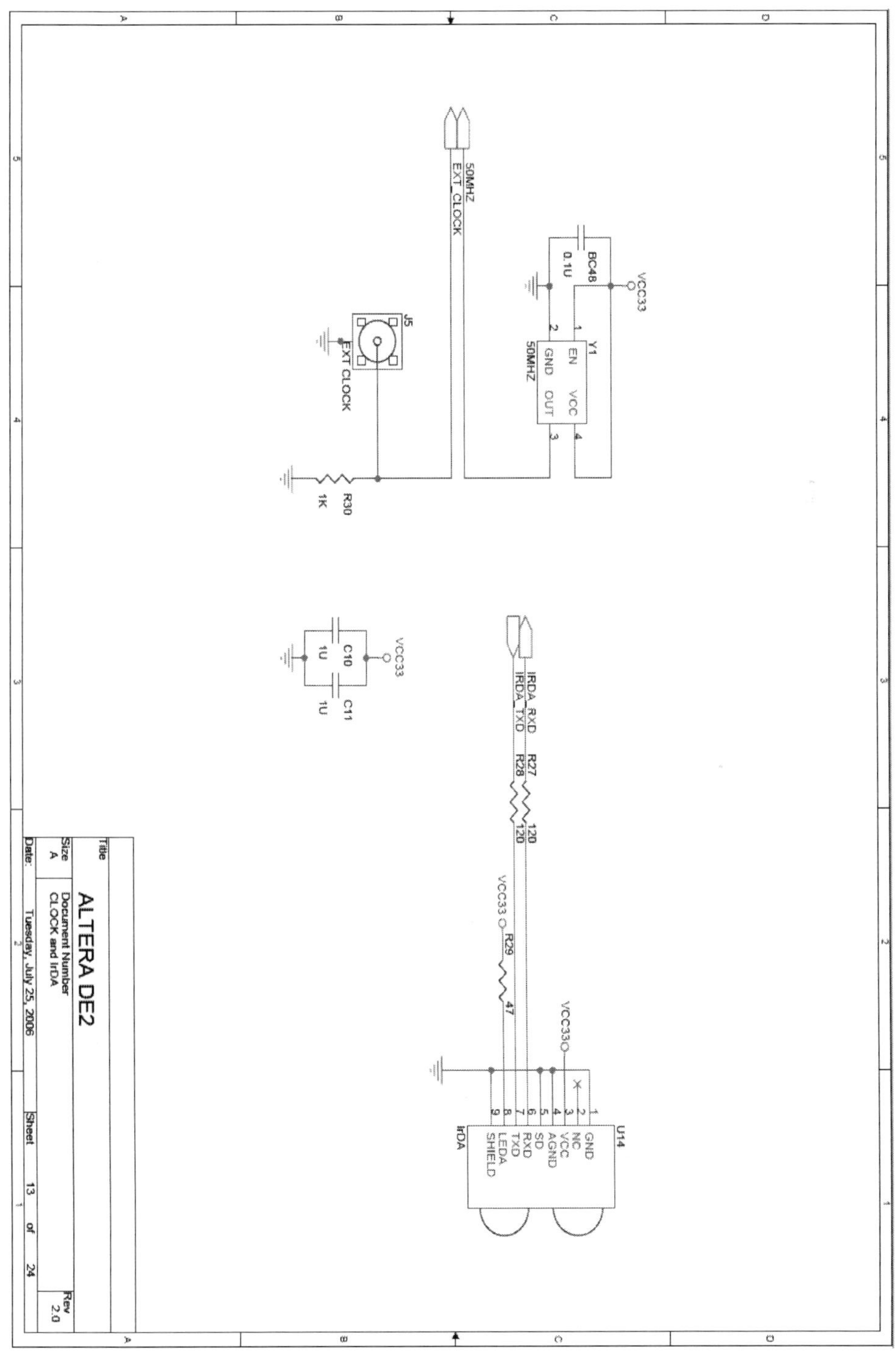

## ⑬ PS2 및 RS232 회로

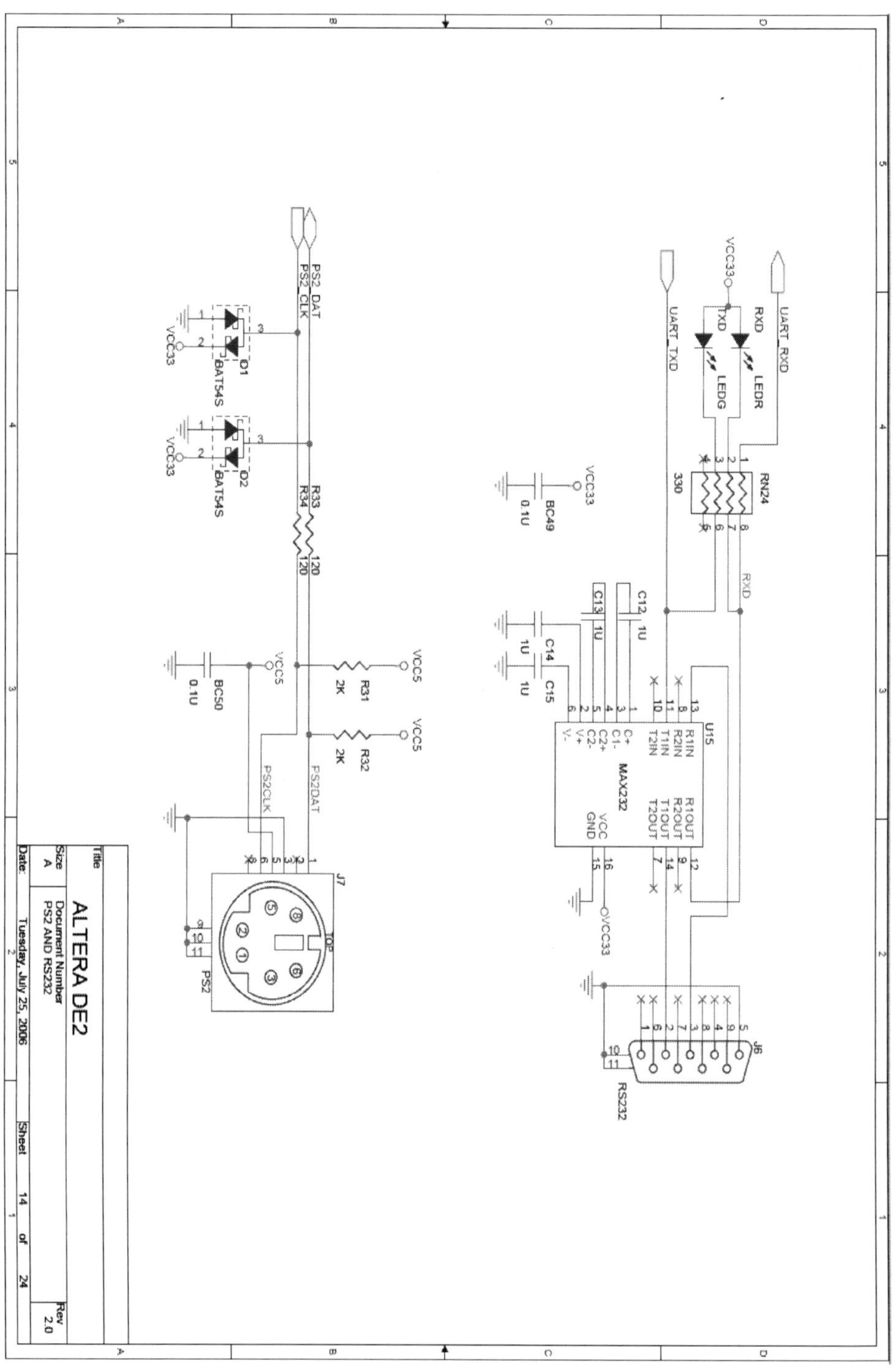

## ⑭ Button 및 Toggle 스위치 회로

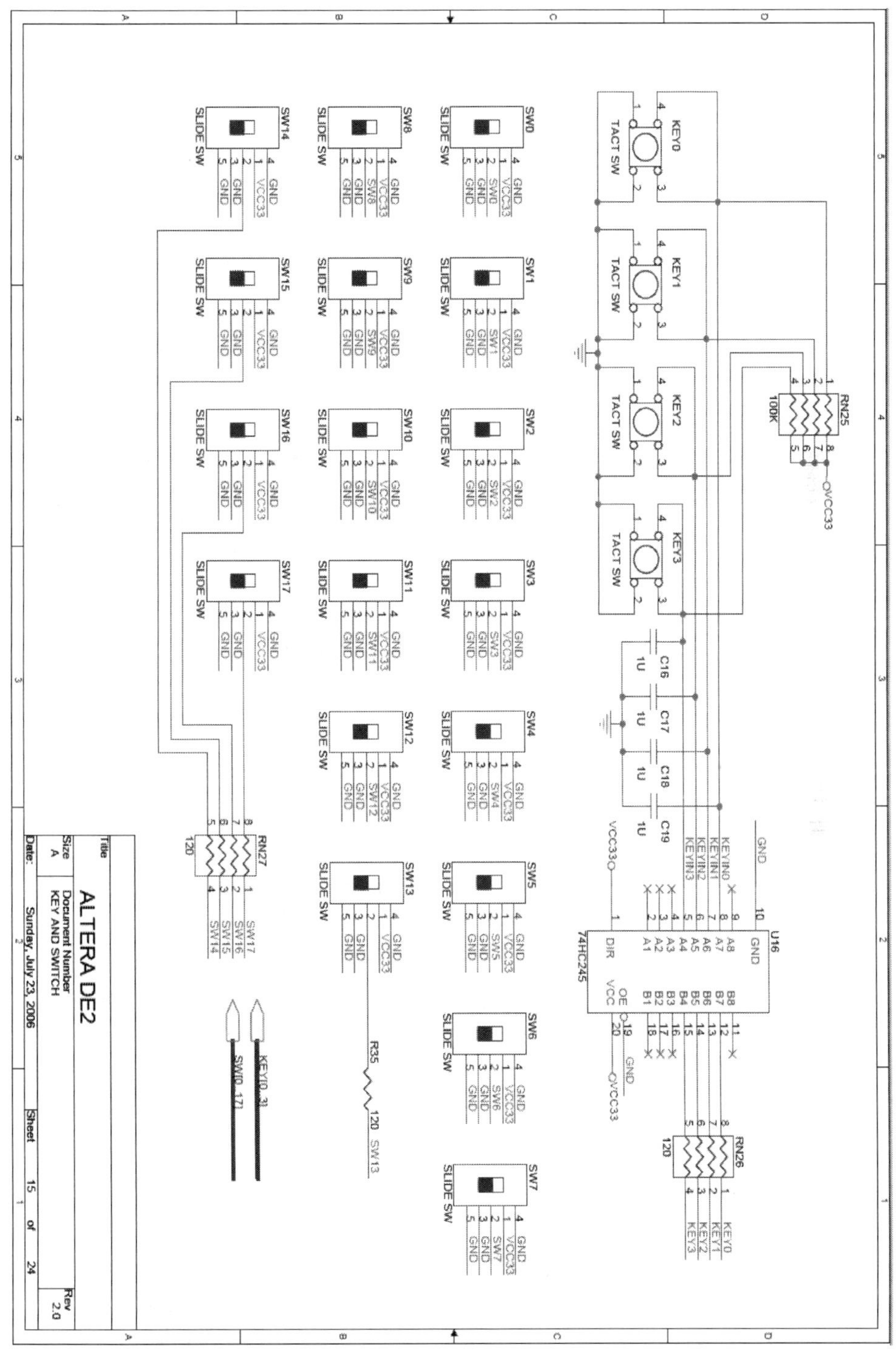

## ⑮ 입출력 회로 A

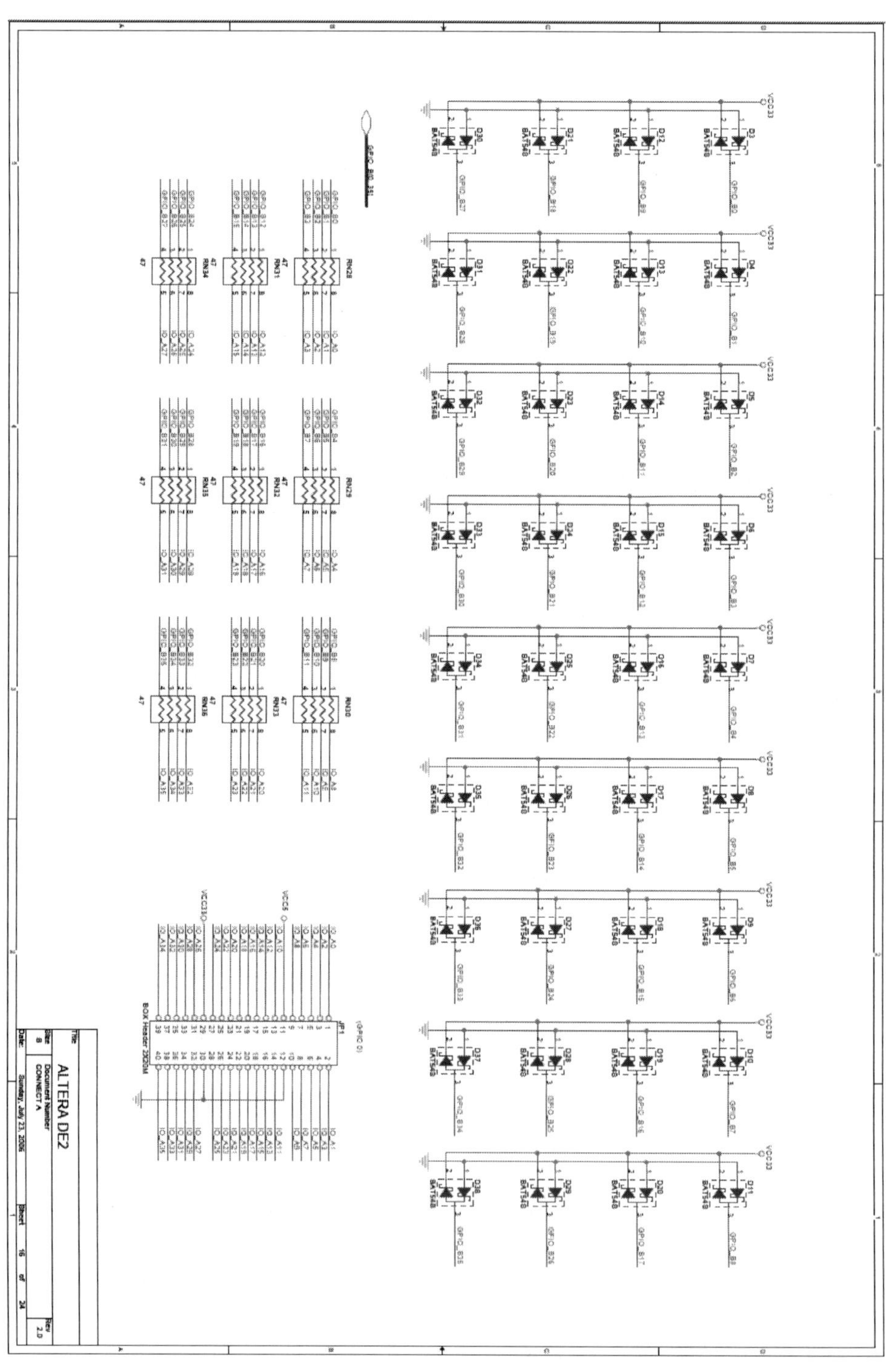

## ⑯ 입출력 회로 B

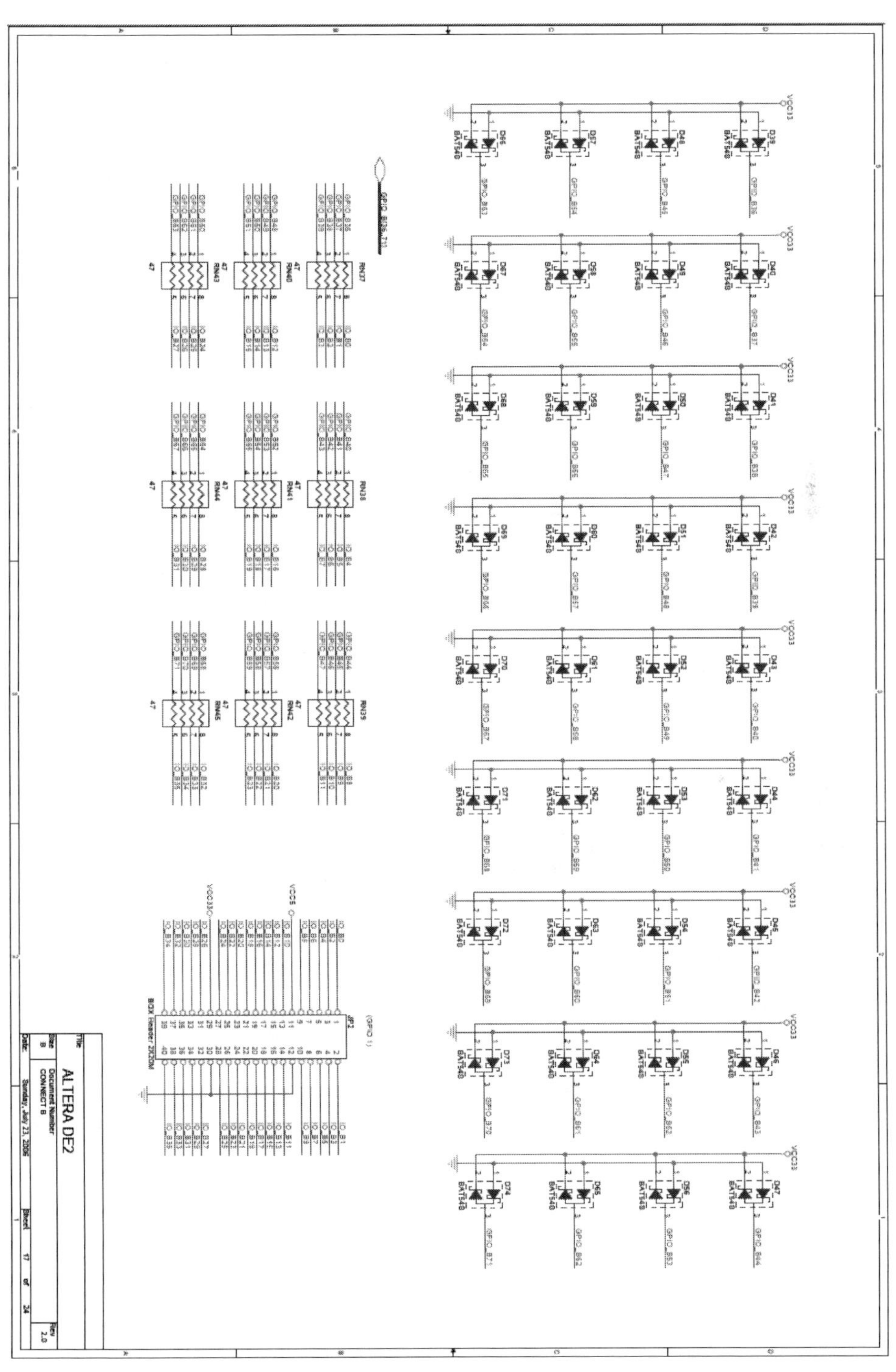

## ⑰ SRAM 및 DRAM 회로

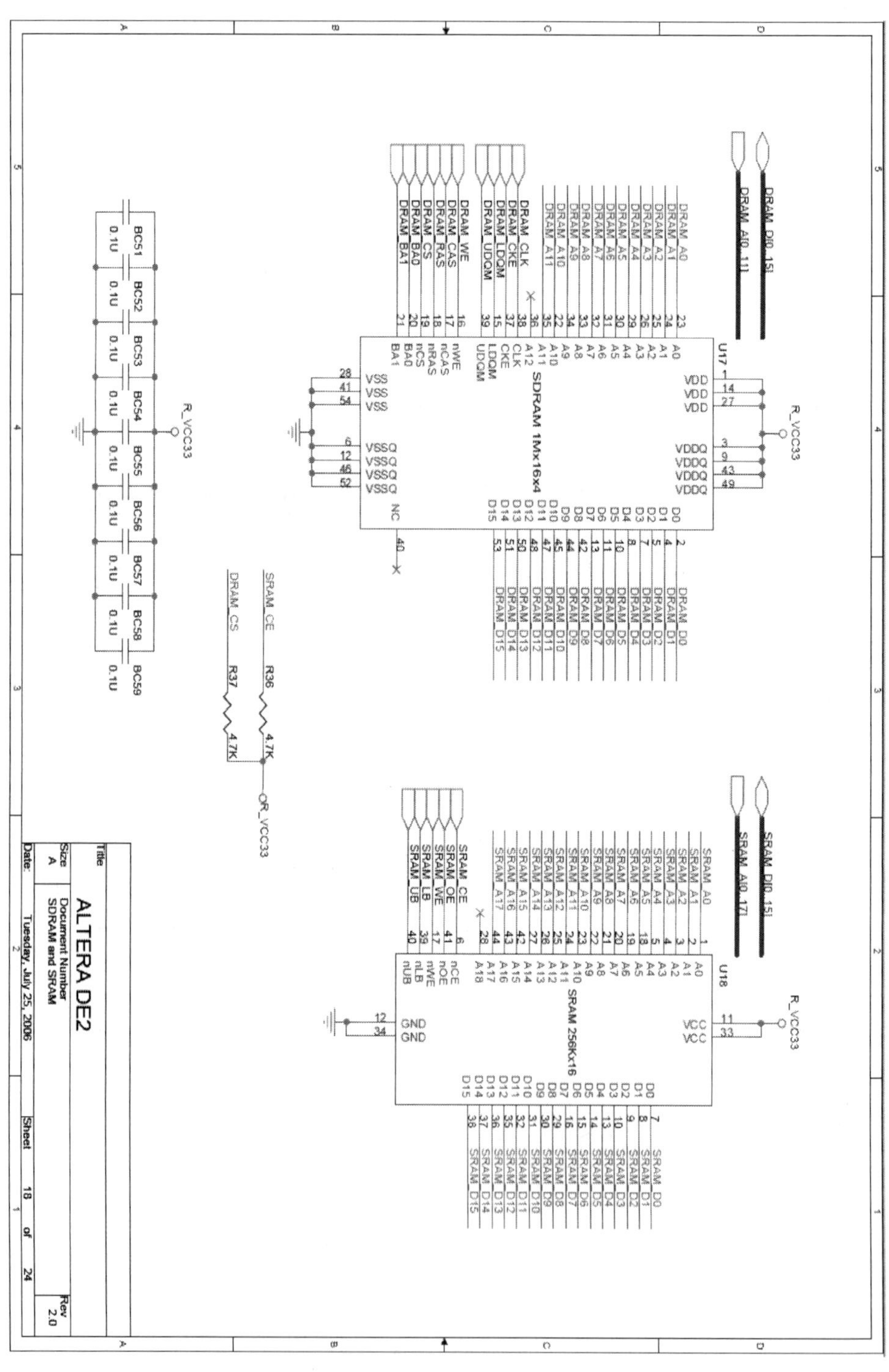

# ⑱ Flash 및 SD 카드 회로

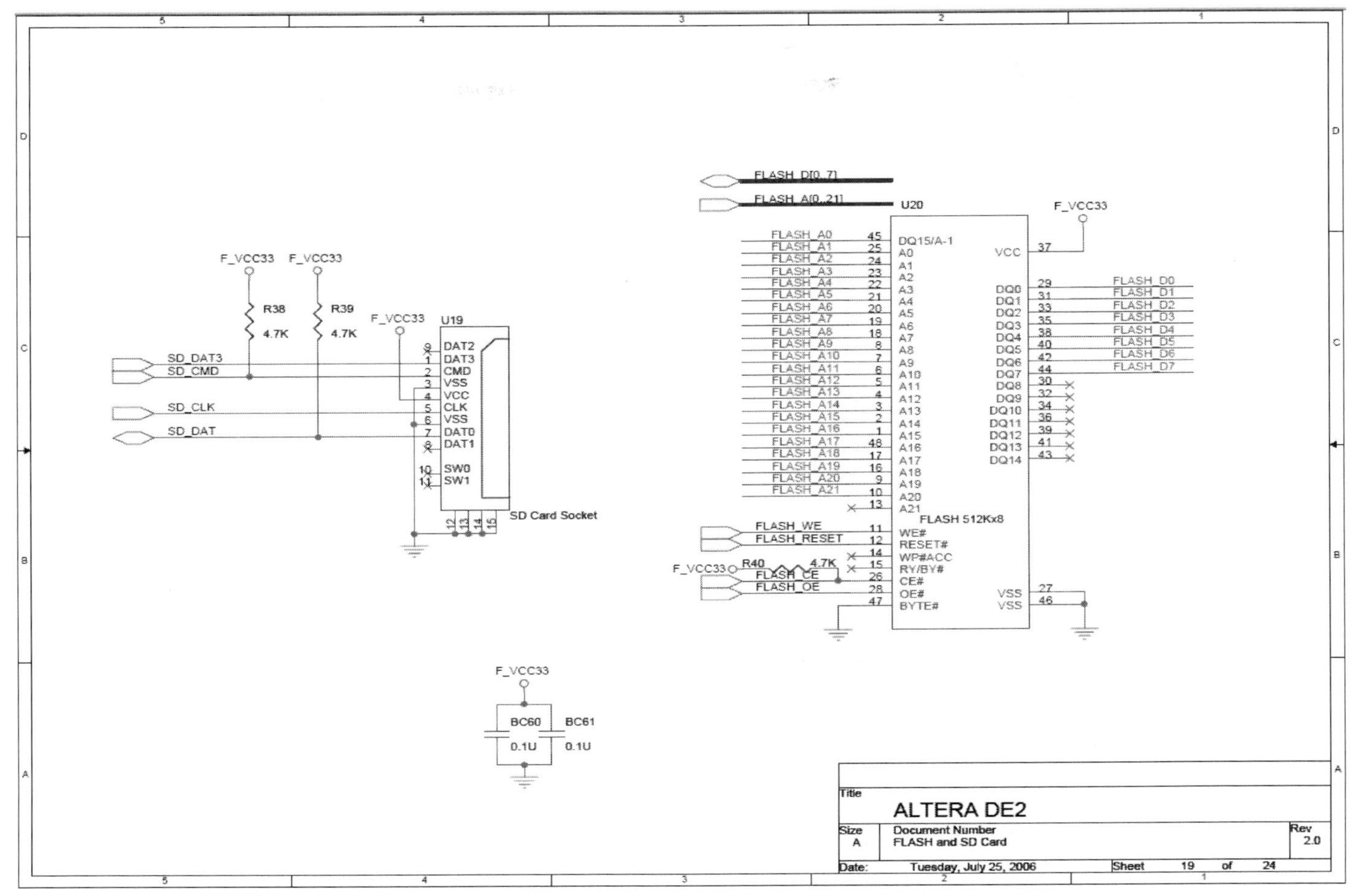

# ⑲ Power 회로

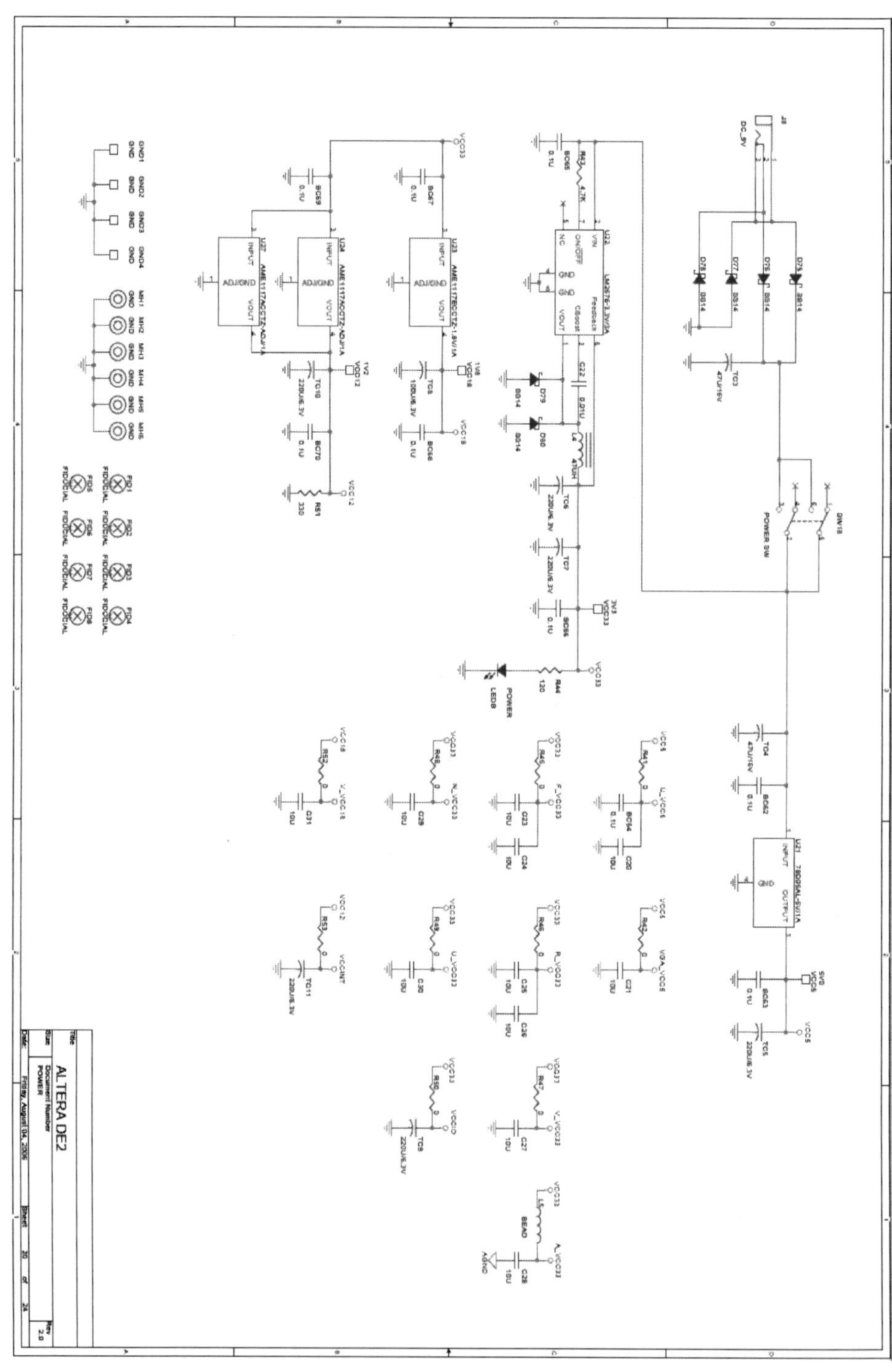

## ⑳ USB Blaster

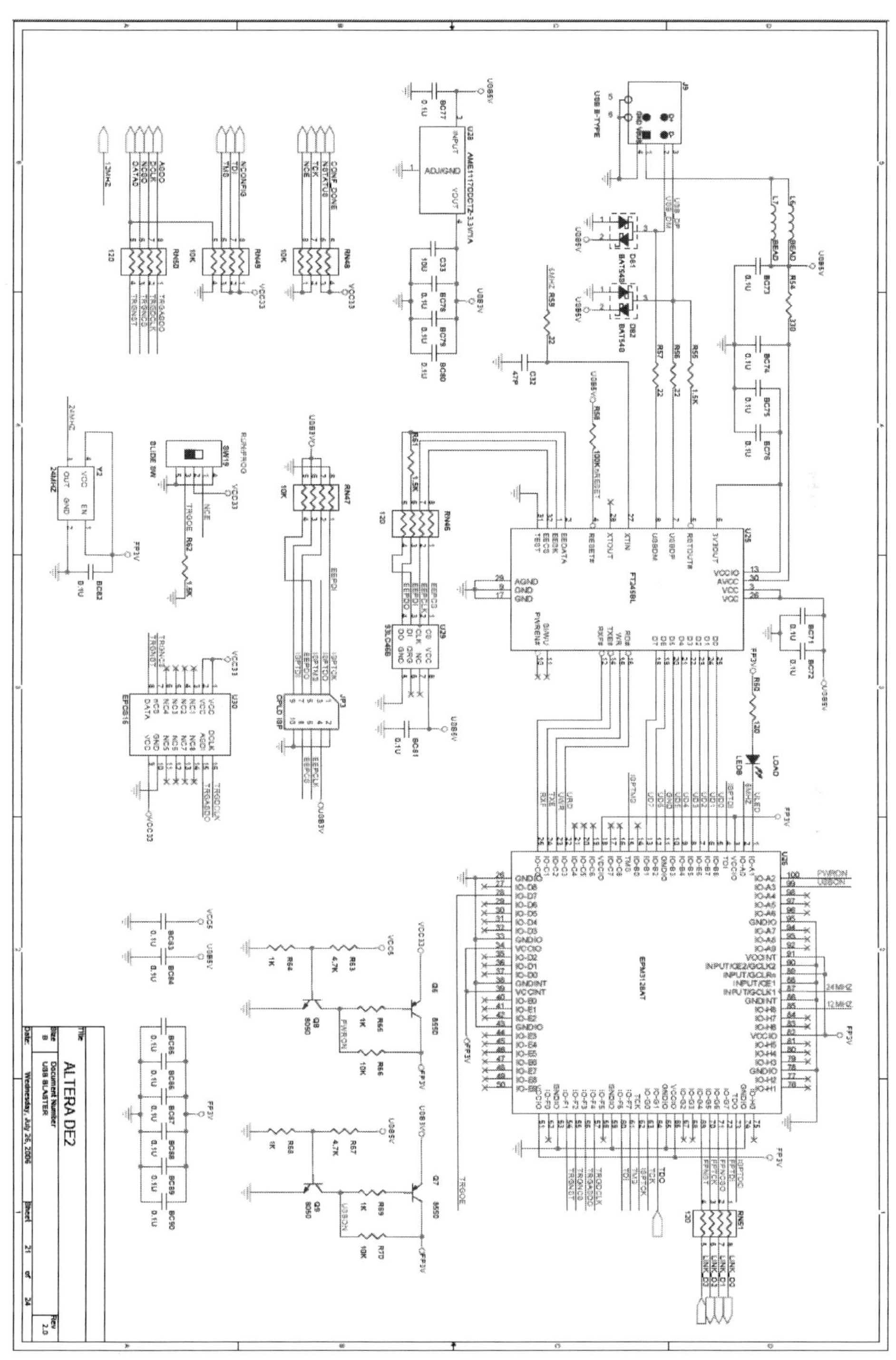

## ㉑ USB 디바이스

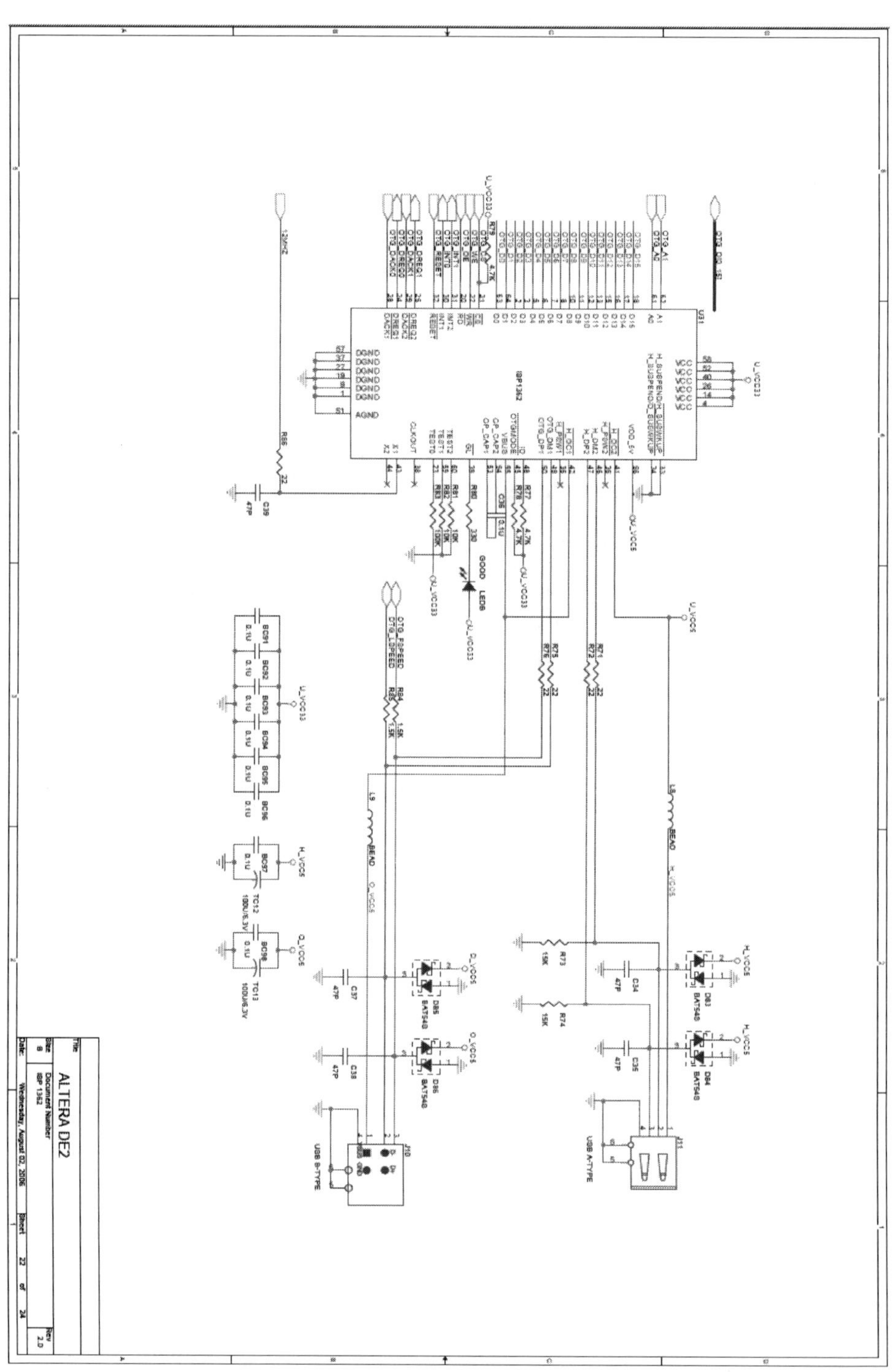

## ㉒ Video 회로

I2C ADDRESS READ IS 0x40
I2C ADDRESS WRITE IS 0x41
Title
ALTERA DE2
Size A
Document Number
ADV7181B
Rev 2.0
Date: Wednesday, August 02, 2006
Sheet 23 of 24

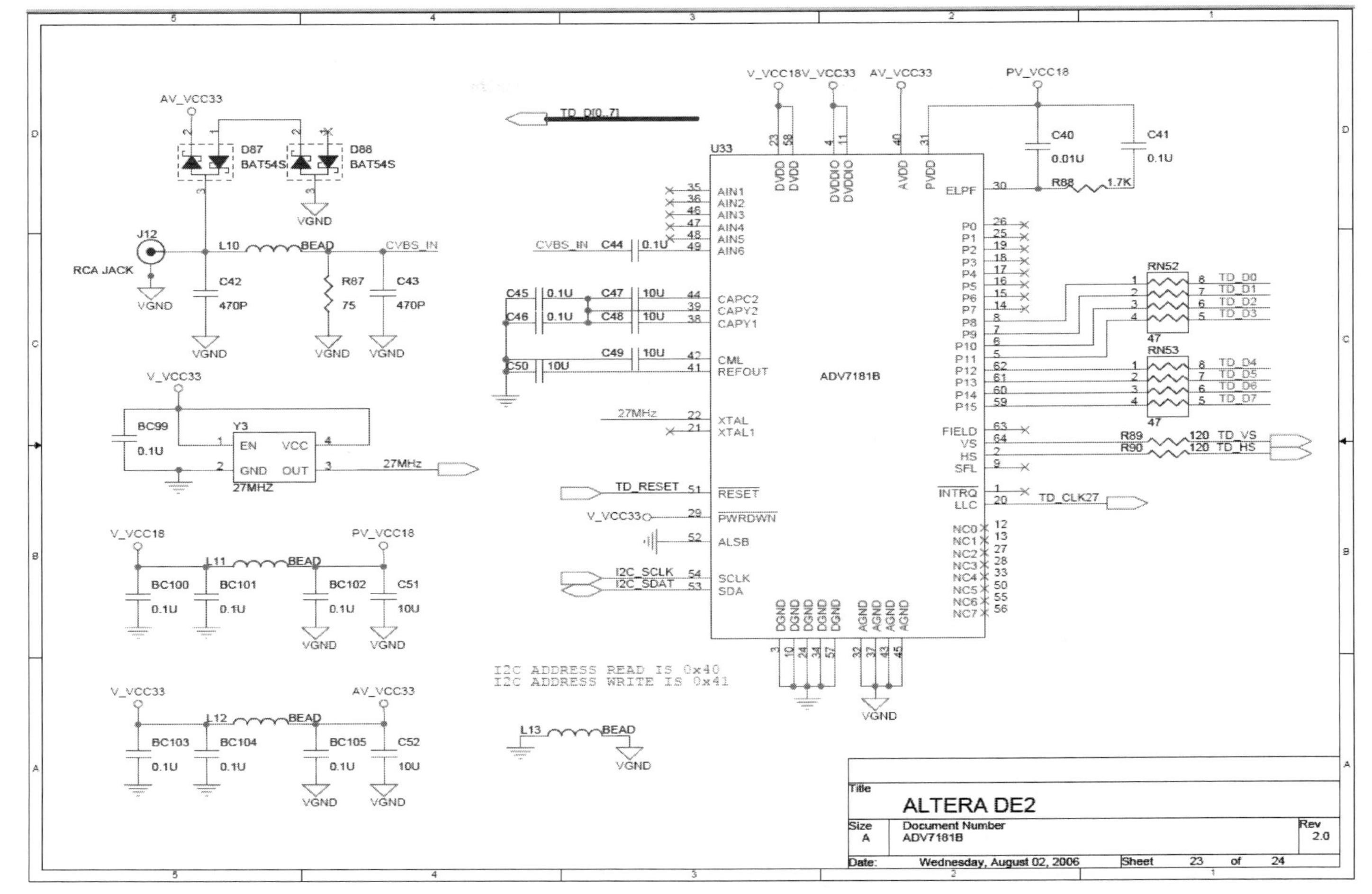

# ㉓ VGA 회로

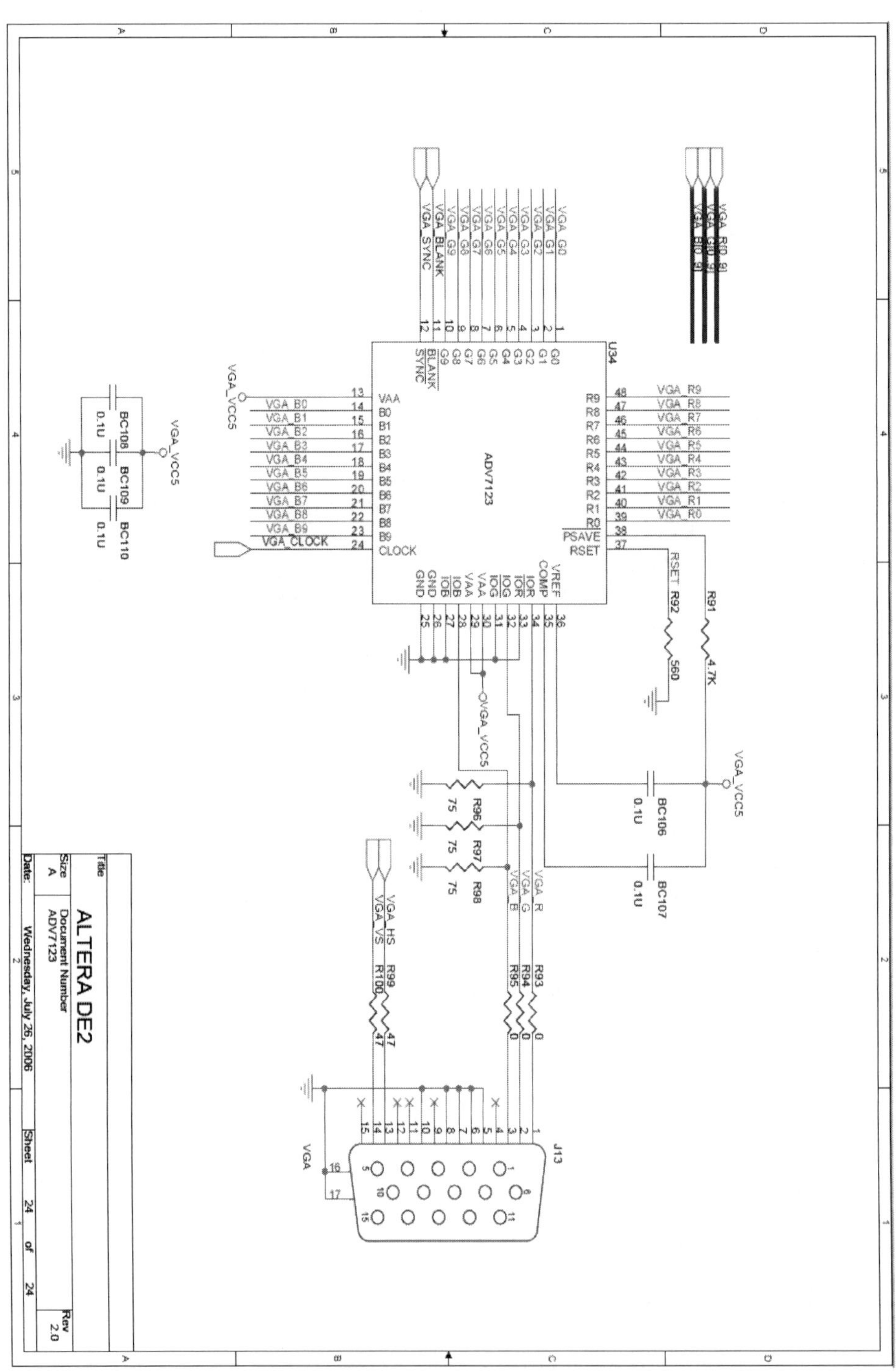

# Verilog HDL 회로설계 실습

1판 1쇄 발행  2010년 03월 01일
1판 2쇄 발행  2022년 09월 01일
저    자 이행우
발 행 인 이범만
발 행 처 **21세기사** (제406-2004-00015호)
경기도 파주시 산남로 72-16 (10882)
Tel. 031-942-7861      Fax. 031-942-7864
E-mail : 21cbook@hanafos.com
Home-page : www.21cbook.co.kr
ISBN 978-89-8468-278-8

**정가 15,000원**